张慈中 编著

书籍装帧 ABC 文集

中国书籍出版社
China Book Press

图书在版编目（CIP）数据

书籍装帧 ABC 文集／张慈中编著. --北京：中国书籍出版社，2014.7
ISBN 978-7-5068-3699-9

Ⅰ.①书… Ⅱ.①张… Ⅲ.①书籍装帧-设计-文集
Ⅳ.①TS881-53

中国版本图书馆 CIP 数据核字（2013）第 198075 号

书籍装帧 ABC 文集

张慈中　编著

责任编辑	庞　元	
责任印制	孙马飞　张智勇	
封面设计	张慈中	
版式设计	张佳月	
出版发行	中国书籍出版社	
	地　　址	北京市丰台区三路居路 97 号（邮编：100073）
	电　　话	（010）52257143（总编室）　（010）52257153（发行部）
	电子邮箱	chinabp@ vip. sina. com
经　　销	全国新华书店	
排　　版	北京中文天地文化艺术有限公司	
印　　刷	北京温林源印刷有限公司	
开　　本	850 毫米×1168 毫米　1/32	
字　　数	180 千字	
印　　张	7.875	
版　　次	2014 年 7 月第 1 版　2014 年 7 月第 1 次印刷	
书　　号	ISBN 978-7-5068-3699-9	
定　　价	36.00 元	

版权所有　翻印必究

作者介绍

　　张慈中，1924年生，20世纪40年代在上海、杭州从事商业广告美术设计，50年代至今从事书籍装帧设计。曾任出版总署新华书店总管理处美术编辑室设计组组长，人民出版社设计科科长和美术组组长，中国大百科全书出版社美术摄影编辑部主任和编审委员会委员，国家出版局和中国出版工作者协会书籍装帧研究室负责人。现为北京印刷学院设计艺术学院名誉教授和顾问，中国出版工作者协会艺术委员会顾问，中国美术家协会会员。

序

吴道弘

著名书籍装帧设计家张慈中先生编著的《书籍装帧ABC文集》即将出版，我是十分高兴的。他嘱我写几句话，我也是十分乐意的。

我一生从事编辑出版工作，主要跟图书打交道。深知书籍装帧工作的重要性和复杂性，以及它在图书出版事业中的重要地位。书籍的装帧设计既与书稿内容有联系，又与印刷材料和印制手段直接相关。因此对于装帧设计工作者来说，顺理成章就有设计思想、学科专业、艺术修养和印制知识等方面的职业要求。或者说，应该要求他们既具有设计家和艺术家的素养，又应有出版家的眼光。如同对文字编辑的要求一样，对于装帧工作者来说，确实是需要工作到老、学习到老的。

慈中先生从事书籍装帧工作六十多年，从马列经典著作、党和国家重要文献到学者专家文集，以至大型百科全书、年鉴工具书等不同类的众多图书，他都有大量的创作实践经验，取得突出的成就。2000年由商务印书馆出版的《心灵与形象——张慈中书籍装帧设计》一书，是他装帧艺术的体现，得到专家学者和设计家同行们的广泛赞誉。现在我们从他的这本文集中又可以看到慈中先生一贯敬业、不断创新、追求完美的职业精神，以及重视书籍装帧设计的理论建设、提倡现代化和中国风格，培养现代书装人才的思想和实践等，这是十分难能可贵的。

目前图书出版品种增长很快，读者对书籍装帧的要求和鉴赏水平也在提高。由于有关领导部门的重视，装帧设计队伍的日益壮大，图书市场上出现众多的优秀书装作品，这是十分喜人的。在运用电脑技术进行书装设计的大好形势下，如何进一步做好书装设计工作，仍是值得重视与研究的。写到这里，我以为这本文集的出版是有意义的，值得广大书籍装帧工作者和编辑出版工作者一读。

慈中先生是我的挚友，从20世纪50年代初算起，有二十多年时间在人民出版社共事。特别是1969年9月在湖北咸宁文化部五七干校十三连，汀泗桥畔、凤凰山上、炼石烧窑，三年时间朝夕相处。我至今还珍藏着慈中创作的大幅国画《凤凰图》，学者、诗人王以铸先生曾有题画诗一首："欲别凤凰山，拟写凤凰图。同志三五人，经营费功夫。每有新意出，叩门辄相呼。落笔凝意匠，粉本十幅余。慈中工点染，道弘擅行书。图成双美具，况兼意义殊。后值老邹（指邹雅先生——引者注）来，为我裱清糊。北行三千里，相随返故庐。悬之素壁上，山林气何舒！岂推供清赏，一望意豁为。"（《记合作山水图事》）我在这里记述此事，主要说明慈中的艺术修养。我还清楚记得，有一段时间慈中倾心汉字各种书体的研究和字体设计，十分投入，无疑也是他重视艺术修养的一例。我的这篇短序就此打住。

2014年将迎来张慈中先生九十大寿，谨在这里祝慈中夫妇福寿绵长、百年好合，祝慈中老继续为我国书籍装帧事业和有关培训教育工作，进一步作出新的贡献。

2013 年 9 月 3 日于北京

目　录

前言……………………………………………………… 1

〔第一部分〕张慈中论述书籍装帧设计

给新闻出版署领导的信……………………………… 3
研究学习外国书籍装帧艺术
　——外国书籍装帧观摩简况……………………… 6
装帧设计工作的几个问题…………………………… 9
书籍装帧艺术大有可为……………………………… 22
中国培养书籍装帧设计专业人员方面的概况……… 26
设计水平大有提高　理论建树亟待开展…………… 30
在大百科全书配图工作会议上的发言……………… 34
辞书装帧工作的经验和愿望………………………… 40
致东北三省第二届书籍装帧年会全体代表的信…… 47
书籍的装帧设计……………………………………… 50
装帧概论……………………………………………… 60
关于创办《中国装帧》杂志的设想………………… 78
装帧设计断想………………………………………… 83
析议《中国大百科全书》的装帧整体设计………… 90
浅析——书籍装帧材料……………………………… 95

"书籍装帧三部曲丛书"序 …………………………………… 100
《书籍装帧材料》前言 ……………………………………… 102
中国传统直排书籍装帧的几种形式 ………………………… 104
新中国成立初期的装帧材料情况 …………………………… 109
装帧材料的三个价值 ………………………………………… 115
装帧界治学严谨的杨永德先生 ……………………………… 119
爱书、爱封面设计的痴情人——范用 ……………………… 122
新中国的书籍设计传奇
　　——张慈中、韩湛宁访谈·互动 …………………… 123

〔第二部分〕评介张慈中书籍装帧设计

《访美掠影》的装帧设计，好！　于　麟 ………………… 161
心愿——访书籍装帧设计家张慈中　葛运池 ……………… 163
别具一格的书籍装帧　李培戈 ……………………………… 169
把晚年奉献给下一代　徐良瑛 ……………………………… 171
经典著作装帧艺术的高手 …………………………………… 174
不懈的追求——记著名装帧艺术家张慈中
　陈复尘　陈之光 …………………………………… 177
一片丹心向阳开——访书籍装帧艺术家
　张慈中先生　李城外 ……………………………… 182
别具一格　独具特色——《心灵与形象》　章桂征 ……… 189

全方位的装帧艺术家张慈中　张进贤 …………… 193
张慈中与他的书籍装帧设计　吴道弘 …………… 197
简洁显大气　质朴见华彩
　　——《心灵与形象》读后　鹿耀世 …………… 202
一个旧上海"小资"的人生路　陈晓光 …………… 206
南腔北调　文章天然
　　——北京雅昌隆重举行著名设计师张慈中
　　　书籍艺术60年回顾 …………… 214
张慈中——红色经典设计师　远　道 …………… 217

附录
　探索现代化的中国风格
　　——部分书籍的装帧设计观感
　　张慈中　于　麟 …………… 220
　建立现代化中国风格的装帧艺术
　　——起步历程及最初的理论成果　于庆林 …………… 227

前　言

　　这本《书籍装帧 ABC 文集》经过五个月时间整理，终于脱稿交于出版社出版，这是我的几位同行与好友时时催促的结果，我感谢他们的热情成就了这本文集的问世。

　　新中国成立后，我 1950 年从上海调到北京工作，从事书籍装帧设计。第一本书是《毛泽东选集》平装本设计，接着是《中华人民共和国宪法》《中华人民共和国国民经济第一个五年计划》《列宁全集》《马克思恩格斯全集》《资本论》等国家政治书籍的精装本设计。政治类书籍装帧设计难度较大，它不像文学艺术或科技书籍易于采用具象表现，因此，多数的政治类书籍运用抽象思维活动形成的抽象意义的形式表现，经过几年时间的摸索与实践，形成了"朴素大方、庄重严肃的表象气质"，获得了装帧界同行和上级领导的认可。

　　1980 年我借调到国家出版局工作，当年我设计了中国第一本年鉴《中国出版年鉴》，接着设计了《中国城市年鉴》等七八种年鉴，当时还设计了《外国著名钢琴家词典》《英汉电子技术词典》等五六种，接着还设计了中国第一部百科全书《中国大百科全书》，以及《奥林匹克百科全书》《北京百科全书》等，这一类工具书多数是大部头字数多开本大的精装本，因此装帧设计，首先考虑装帧材料与工艺技术的实用价值与审美价值，在使用上必须保持耐久坚固，在审美上有视觉触觉的舒适美感，使创作的书籍整体有简洁大气的品位。

  我在书籍装帧设计上，首先注意书籍类别的特征，其次考虑书籍每个个体的风貌。这个原则在这本《书籍装帧ABC文集》我对书籍装帧的论述，以及别人对我书籍装帧的评议中，都有所体现。是否妥当，请读者指正。

2013年8月21日于北京

〔第一部分〕
张慈中论述书籍装帧设计

给新闻出版署领导的信

刘　杲
卢玉忆　两位署领导：

　　我在近几年参加各种社会活动时，常想，如何进一步推动我国的书籍装帧工作，使它有一个明显的突破和提高，从而更好地适应我国的改革开放的需要和赶上国际出版水平的要求。现在有一些设想和建议，提供您们两位参考和决策。

　　目前，我国的书籍装帧设计工作，无论在教学上或是在社会实际工作中，基本上仍然处于传统的手工设计阶段，虽然也产生过许多优秀作品，但是，由于长期受生产方法和设计手段的局限，设计观念和形式不易突破，设计效率不高，在一定程度上影响了我国书籍装帧艺术质量和出版周期。而当今，世界已进入现代工业社会和高科技信息时代，我们的出版印刷条件经过近十年的努力，已初步实现了现代化、电子化。然而，我们出版工作中的书籍装帧设计还停留在传统的手工制作阶段，这是十分不相称的。一些发达国家早在六十年代初就开始把计算机技术应用于美术设计领域，它的出现是对传统美术设计手段的严重挑战，使现代美术设计工作发生了根本性变化，产生并提供了一个崭新的设计环境和艺术空间。许多有见识的美术设计家都已掌握运用计算机的优越技术，创造出新一代的视觉形象，给社会环境增添了现代气息和时代精神，它的发展也反映了一个国家的艺术和科学水平。为培养我国新一代美术设计人才，我建议北京印刷学院八九年设美术设计专业，同时要求学院创造条件开设计算机美术设计课程。经学院专业老师的努力，终于在九二年下半年克服了师资和设备的困难，正式开设了这门课程，成为我国首家将计算机运用于艺术教育的高校，为我国建立该学科教育体系摸索了经验，打下了基础。

最近，我数次去北京印刷学院参观了该课程的教学成果汇报展，看了学生在计算机上操作表演他们的作品，我作为这门课程的倡导者，为他们取得的成就由衷地感到高兴。在和学院领导、老师座谈时，大家认为这门新的设计技术一定会给我国的装帧工作和出版事业带来生机。我建议署领导及有关部门的同志有机会一定去看一看，支持这一新学科的建立。

由此，我想到一个重要问题，即完全依靠印院美术专业的毕业生来充实我国的装帧队伍是不够的，应当考虑建立全国出版系统的计算机美术设计培训，确实是当务之急了。今后，可以考虑把掌握计算机设计技术列为美术编辑及设计人员的业务考核条件之一。只有这样，才能进一步提高我国的装帧设计人员的技术和业务素质，才能真正在人才方面为出版事业现代化、科学化打好基础。

现在已有不少出版社的美编提出到印院包美系进修这门

课程，因此，进一步研究怎样有系统、有计划地开展培训问题，应列为署里有关部门的一项重要工作来进行。

我建议培训中心可由署人教司全面领导和负责，印院包美系负责承办。我作为印院的兼职教授和包美系的顾问，也会尽全力协助把这件大事办好。

印刷学院包美系通过教学实践已摸索出一套教学经验，具备了师资和教学力量，学院又能提供解决培训人员的食宿。当前，主要是解决设备问题，即需要投资约五十万元，设计艺术系建立一个能够在今后既能为发展教学需要又能承担培训任务的微机工作室。投资主要是用在购置适应绘画高级软件的486微机15台及扫描仪、激光印制机各一台。如不能给包美系调拨专款，是否可将设备产权归属署人教司，印院包美系负责设备的管理和使用。我抱着极大的希望，希望您们两位大力支持，能在近期内将此建议和方案实施。我想，不久的将来，我国装帧设计队伍的实力会大大加强，我国的书籍装帧艺术的现代化会出现一个新的水平、新的高度。广大读者也会从中感悟到我国书籍出版现代化的新面貌。

1993年1月6日

研究学习外国书籍装帧艺术

——外国书籍装帧观摩简况

为了推动书籍装帧设计工作，以优异成绩迎接明春举办的全国书籍装帧展览会，展览筹备办公室于九月初在京组织了一次小型的外国书籍装帧观摩。

观摩会上展出英、美、法、德、日本、南斯拉夫等国和香港出版的书籍共一百多种。展品内容，有百科全书、自然文库、儿童文库、历史、文学、艺术、图片、字典、科技等各种图书，还有一部分有关装帧专业的参考资料书。在开本方面，从特大的四开本到一百二十八开的袖珍本。在装帧形式上，有全织物的函盒装的珍藏本，人造革封面内衬泡沫塑料加涤纶护封的特精装、用人造纤维和特制丝织物的硬面全精装、人造革和压纹塑料的软面精装、纸面布脊和全纸面精装，还有加单面开口和两面开口的书套装，以及线装加木盒的中国式装。另外，有一部分采用彩色涂料压纹纸的平装。特别是展出中有一种散页塑料夹活脊装，使用方便，形式美观。

在装帧设计上，大量采用先进的彩色照片和浮雕凹凸版，形象画面装饰性强，插图的风格多样，图案的纹样精细。图文并茂的书，版面技术设计活泼新颖，且与美术设计很谐调，注重整体设计。他们的设计手法各异，讲究构图和色彩，使人感到丰富多彩，鲜明醒目，而且具有各个国家的不同特点。

观摩结束后，展览筹备办公室约请十多个单位的专业人员进行座谈，大家认为这次观摩体现了国家出版局对书籍装帧工作的重视。许多同志说，从外国书籍装帧中，我们不仅看到了差距，也从美术设计、技术设计、装帧材料、印刷装订等方面受到了启发，思路更宽了。

出版社的许多同志反映，粉碎"四人帮"以来，我们的书籍装帧设计工作虽然有了新的起色，但和国外相比较，仍然处于落后状态。表现在：一些书的封面设计单调贫乏，缺乏生气；一些书的版式安排，或呆板，或杂乱；一些书不讲究整体设计，美术设计和技术设计很不谐调；一些书的装帧用料差，工艺水平低。同志们认为，要从根本上改变这种面貌，赶超世界先进水平，关键在于领导重视，解放思想。既要正确理解装帧设计在出版工作中的重要作用，而不满足于"能多出书就行"；又要从思想上打破"四人帮"的桎梏，克服片面强调装帧设计要"力求简单"等各种框框。大家还感到，要提高装帧设计水平，必须大力加强对装帧设计人员的培养，不断提高他们的思想水平、艺术水平和业务能力，并采取有效措施，充分发挥他们的积极性和创造性，解决专业队伍"青黄不接"和"有劲使不上"的问题。同时，要尽快把装帧材料生产和印刷装订水平搞上去，为装帧设计提供必要的物质条件。

中央美术学院和中央工艺美术学院的同志谈到，他们计划尽快设立书籍装帧专业，培养人才。并要求出版部门能经常介绍有关资料，提供教员。有些同志还提出愿意为出版社承担设计封面和插图的任务。

北京新华印刷厂的同志表示，装帧设计和印刷装订是一个整体，装帧设计的水平必须通过印刷来表现。印刷厂要充分发挥老技术工人的骨干作用，培养接班人，挖掘潜力，千方百计地努力提高印刷质量和效率，积极配合出版社为加速赶超书籍装帧的世界水平作出贡献。

大家还提出了不少的建议性意见。纷纷表示，要从这次观摩中得到有益的借鉴，在学习和吸取外国先进经验的同时，继续发扬我国民族的优良传统，贯彻百花齐放、推陈出新、古为今用、洋为中用的方针，解放思想，大胆创新，争取在明春举办的全国书籍装帧展览会上，推出一批具有时代特点和民族风格的，受到广大群众欢迎的，社会主义的优秀装帧艺术展品。

《书籍装帧设计》
1978 年 9 月

装帧设计工作的几个问题

第一个问题:"书籍装帧""书籍装帧设计""书籍装帧艺术"这三个名词的含义。

这三个名词,很多人往往不加区别。有人认为装订就是装帧,也有人认为封面设计就是装帧。固然,装订和封面设计都是装帧中的重要部分,但不是装帧的全部。目前有些书的封四上把封面设计印成了装帧设计,这是不确切的。有些文章,在用装帧设计和装帧艺术这两个名词时也欠妥帖。

"书籍装帧"是由"书籍"和"装帧"两个名词组合成的一个专门名词。"装帧"是指构成书籍的必要物质材料和全部工艺活动的总和。由于装帧才形成了书籍的形态,于是有了"书籍装帧"这个名词。为了说清楚这个意思,我用建筑作比喻。"建筑"是构成房屋的必要物质材料和全部施工活动的总和。当各种物质材料和各项施工活动各自独立存在的时候,不可能出现建筑,而没有建筑也就没有房屋。同样,在出版方面,如果各种物质材料和各项工艺各自独立存在,也不能出现装帧,没有装帧也就没有书籍。所以,"书籍装帧"的含义并不是只指书籍的某一具体物质材料或某一项工艺活动,而是指构成书籍的各部位的必要物质材料和各项工艺活动的全部内容。

那么，怎样使互不相关的各部位的各种物质材料和各项不同工艺有顺序地理想地结合起来呢？这就需要在事前提出方案和图纸，这个工作，就是"装帧设计"。没有设计也就不可能有生产活动。农民种地，垄是东西向还是南北向，种子间隔多宽，脑子里要想一想，这是没有图纸的设计。同样，没有装帧设计，也就没有装帧活动。现代书籍的生产，没有预先的周密设计更不可能。书籍装帧设计是为装帧活动提出可行的方案和图纸。它把作家的原稿作为自己工作的基础，在这个基础上思考和规划如何使用物质材料和各项工艺，使书籍形成后能在物质功能和精神功能的结合上求得理想的解决。物质功能指使用价值，精神功能指欣赏价值。我们通常讲，书籍装帧设计有思想性、有艺术性，就是指设计者创造的精神功能而言。优秀的装帧设计不仅要给读者以美的享受，也应该在陶冶精神方面起积极作用。

"书籍装帧设计"的基本含义就是在书籍生产之前，预先制定装帧的整体和局部，材料与工艺，思想与艺术，表面与内部等因素的完整方案。使开本、装订、印刷、护封、封面、书脊、环衬、扉页、正文、插图等环节形成一个和谐的整体。可见，封面设计或正文版面设计仅仅是装帧设计工作中的一环，并不是装帧设计的全部内容。

至于"书籍装帧艺术"，含义是什么呢？让我再借用建筑来比喻。建筑设计的方案和图纸，并不能称它建筑艺术，只有当方案上、图纸上的设想通过广大建筑工人的劳动，形成了建筑物,这个建筑物实体才可能称为"建筑艺术"。同样,装帧设计的方案和图纸,并不能称它装帧艺术,只有当方案上、图纸上的设想通过广大印装工人的生产实践活动,形成了装帧实体——书籍,这才谈得上"书籍装帧艺术"。当然,首先是装帧设计家把自己的艺术修养、美术手段、业务知识、聪明才智凝结在设计方案上和图纸上,这是最根本的。然后,通过印装工人熟练的工艺技术,才能体现出设计家所预想的装帧艺术效果来。两者缺一都不可能有装帧艺术的出现。

第二个问题:书籍装帧设计在整个出版工作中的地位、任务和作用。

出版社的工作,最终目的是出版书籍,供广大读者阅读。要出书,首先要有书稿,这是书籍的原料,没有书稿就什么也谈不上。编辑部的工作就是负责解决书稿,它从定选题、组稿、审稿、整理加工,完成这一系列的工作是为了产生书籍的原料。书稿又是书籍的灵魂,需要严肃地细致地进行整理加工,这是一项思想性、技术性很强的工作。但是编辑加工好了的书稿,并不等于书籍,要变成一本适合书稿性质的书籍的形态,可以让读者阅读,还要有另一个部门来完成这项工作,这个部门应当叫作装帧设计部。我们出版社的体制是没有这个部门,书籍开本、版本形成通常是编辑部决定或总编辑决定。担负封面和插图工作的是美术组或美编室,至于正文版面设计则又有别的部门来完成。不管目前有没有装帧设计部,从书稿到书籍之间必须有第二环的工作——装帧设计来完成。装帧是书籍的形式，它是根据不同书稿的内容决定的，形式和内容能不能浑然一体，这就要看装帧设计者的才能了。可是，这第二个环节，也仅仅是纸上谈兵，装帧设计的方案要付之实现，必须还有第三个环节的工作，就是组织书籍生产的工作。这是由出版社的出版部来担负的，它根据书稿和装帧设计的方案，组织排校、印装、调配必要的物质材料来完成书籍的出版。由此可见，出版社出版书籍的工作，实际上包括三个主要环节：第一个环节是原料加工（编辑部）。第二环节是书籍的造型规划（装帧设计部）。第三个环节是组织书籍生产（出版部）。

现在可以清楚地看出，装帧设计工作在整个出版工作中所处的地位。它是三个环节的中间一环，起着前后连接的作用。书籍装帧设计工作的重要性就是由出版工作的客观规律以及出版工作的科学性决定的。

出于装帧设计工作的作用和特点，一方面要求设计者进行全面考虑，从立意，构思，到形象的表现，到生产图纸的完成，直到考虑怎样合理使用各种物质材料和工艺技术，同时要求在运用艺术规律的同时懂得一点经济规律的问题。因为读者对一本书的要求是多方面的。不仅要内容好，形式美，还要经济实惠，我们搞装帧设计的同志在考虑经济规律时，不要因此而束缚创造性的设计活动。我总觉得两者可以很好结合，不应该把它们对立起来。一个精明的装帧设计家，在立意构思的同时，必然考虑到物质和工艺，以最适宜的经济支付表达最贴切最完美的装帧效果。我们常看到一些装帧，采用了珍贵的材料和复杂的工艺，但并不是最贴切最完美的装帧，原因是他不懂得物质和工艺应服从于立意和构思的需要。举一个例子，有一本地方年画集，封面用了银白色夹丝锦，非常富丽堂皇，乍一看好似挺美，再想想内容是地方民间年画，有非常朴素的民间艺术品位，欣赏者是农民和民间艺术工作者为多数，显然，该书的形式与内容不太相匹配了。书籍是文化，书籍装帧要体现出这种特征，并尽可能做到内容和形式的和谐，达到最理想最完善的装帧整体效果。

过去我们常讲形式服从内容，服从功能，这个道理是对的。佢是，也还要考虑到形式先于内容，先于功能，当你考虑装帧形式的时候是以内容和功能作基础的，然而，形式本身一定要让人家产生好感，这就必然要考虑装帧形式的美。一本书常常是首先从形式上吸引打动读者的，产生所谓"一见钟情"的魅力，当然，还要经得起"耐人寻味"，这就是立意和构思的作用了。

装帧设计的任务，还有一个重要的方面，就是如何根据自己这个出版社的出版方针、出版物的内容、性质、特点，创造性圠、鲜明地表现符合这些条件的装帧面貌、风采、气韵、情调，逐渐形成自己独特的风格，这是个艰巨任务，需要长期的奋斗。

书籍在社会上发行，为千千万万读者所阅读。装帧设计也有个社会作用问题。任何一项工作都不是对自己本身的，都是社会整体所需要的，因此，它必然在社会上起作用。我们有一些搞装帧设计的同志，只认为一般美术作品才对社会有作用。固然，画家们的许多杰出的作品在社会上的作用是大的，同样，装帧设计使千千万万册图书得以成型，流传到社会上，自然也具有其他艺术不能替代的社会作用。如果装帧确实具有艺术感染力，能给人美的享受，那么，千千万万的读者在艺术美所激起的愉悦的情绪下阅读书籍，这无疑是在人民群众中起到美学的教育作用，起着陶冶人民情操的作用。同时又对传播思想、知识、科学起着积极作用。在七九年全国书籍装帧艺术展览会上，有不少观众看到了一些装帧好的书，说书店里看不到这样美的书，要求在展览会上买到。这充分说明了装帧艺术的重要意义，决不像有些人所说的"读者是看内容不看封面的"，"只要内容好，封面和装帧好不好无所谓"，"我这里的书是皇帝的女儿，再丑也嫁得出去的"。这种种说法是很片面的，不符合事实，是不利于出版事业的提高和发展的。如果我们真是照这种说法去做，那么人民群众会责备我们。我们搞出版工作的同志，特别是搞装帧设计的同志，应当尽力把工作做到家。使我们做的工作能在社会上起好的作用。

第三个问题：美术编辑与文字编辑的关系。

多少年来美术编辑与文字编辑在对待封面设计的取舍问题上，总是搅不清楚。有不少美术编辑反映，说在出版社搞封面设计真是难啊！婆婆多、胃口不同、不好应付。原因是两者的分工职责、权限不明确有关系。这个问题在第二个问题中已经涉及了一点，下面再具体讲一讲。

目前美术编辑的主要工作是封面设计。搞封面设计，首先要尽可能了解书稿的内容、体裁、风格、性质、作者情况等一切有关情况，否则不了解工作对象，怎么好着手设计呢？因此，美术编辑必须主动地与文字编辑取得密切的联系，文字编辑是第一读者，他对书稿的情况有充分的发言权。如果美术编辑把这本书设计好，除了向文字编辑了解书稿的情况，还应认真考虑他们对封面设计的设想。如果还认为材料不够，可以拿书稿来自己看。不能对书稿只是似是而非地了解就动手设计。但是，文字编辑毕竟是从他的工作角度认识书稿的，他有他的观点。只能作为装帧设计中的参考。美术编辑应有自己的思考，怎么用，取什么舍什么，还有自己的职权嘛！不要把职权丢了。要在认真分析材料的过程中逐渐形成方案，把认识到的东西变为具体或抽象的形象。这是进行封面设计的创作规律，封面设计的创造性和艰苦性也正在这一点上。

美术编辑把设计好了的封面，送给文字编辑征求意见时，通常出现三种情况：一种是，文字编辑认为封面设计与书稿内容、性质并不很妥帖，要求重新设计。这种意见是可贵的，是负责的，美术编辑应当认真对待，重新考虑新的设计方案。第二种是，文字编辑对封面设计提不出具体意见，但又觉得不理想，希望再设计几个样子看看。这种情况比较多，遇到这种情况，美术编辑应当把设计意图向文字编辑讲清楚，文字编辑也应尊重美术编辑的设计，尽量由美术编辑自己来选择表现手法和设计风格，因为，这毕竟是一种创造性的艺术活动。第三种是，文字编辑认为封面设计很不理想，于是要加上个什么，去掉什么，并表示不喜欢某种色彩，换上某种色彩等等，非常具体。这种情况往往是把自己的偏爱强加于人，这种情况虽然是少数，然而却最引起美术编辑的反感。

文字编辑和美术编辑都想把封面做好，但上述情况是由于分工和职责不够明确所造成的。文字编辑是对书稿质量负直接责任，至于封面设计的好坏是由美术编辑负直接责任，各自有职责权限，这才能充分发挥各自的主动性、积极性。上海有些出版社，前年就把封面审定权下放到美编室，把担子压下去后，反而使美术编辑的责任感加强了，业务能力和工作热情提高了，封面质量不是下降了而是有效地提高了，这样人才也容易出得来。当然，各出版社情况不同，但是，从体制上弄清分工、职责，是有好处的。国家出版局〔79〕192号文件上有一条："在体制上，书籍装帧设计应属编辑部，作为美编室（或组），与文字编辑室平行，承担并确定书籍的装帧设计。这样做，有利于工作的开展。"这就是说，美术编辑主要是负装帧设计质量的责任。当然，美术编辑与文字编辑之间还是要搞好合作，这才有助于把书籍装帧工作搞得更好。

最后一个问题：美术编辑本身提高的问题。

目前出版社的美术编辑，绝大多数是搞封面设计的，很少搞整体设计，他们中的多数同志还没有全面掌握书籍装帧设计的系统知识和业务手段。这种情况是出版社的体制和分工造成的。但是，对于从事封面设计的美术编辑来说，是否对这项工作的性质认识很明确呢？对书籍有了很深感情呢？这是值得大家深思的。我搞封面设计已有三十来年了，回想起只有五六年是真正钻进去搞了封面设计，大部分时间则是零打碎敲，而且在心情不舒畅时仅仅为完成工作任务而应付。因此，设计的东西，淡而无味，缺乏艺术感染力。现在说来，几乎没有一本书的封面设计，既为当时所满意，也为今日所喜爱。是不是自己的审美力提高了，要求高了？恐怕不能这么说。那么是什么原因呢？原因有三：一是当时思想上并没有真正把封面设计工作看成一门艺术事业，缺乏艺术创作所需要的热情。二是对出版事业缺乏深厚的感情。三是基本功不过硬，所谓基本功，无非指造型能力，设计能力，文艺修养，出版业务这四个方面。因此我认为搞好书籍装帧设计工作，第一要树立信念，第二要培养感情，第三要学习本领。

有些同志对我说，搞封面设计太枯燥，没有意思，出不了名。还有些同志身在曹营心在汉，总想有朝一日去搞绘画或其他创作工作。有些同志整天忙于工作，很少注意学习或没有时间学习，也有些同志业务学习很注意，但很单一，大多只局限在绘画基本功上，对其他方面的学习，特别是设计业务和出版业务的学习就不感兴趣了。上面种种情况必然妨碍个人在装帧设计上的提高，这是不利于装帧事业的发展的。

出版社美术编辑的基本功，不能单纯要求绘画，重要的是考虑设计的要求。这就是说，要认识到装帧艺术在造型、色彩等艺术手段和手法上，既与绘画有同一性，也有明显的个性特点。绘画可以借用到设计上来，但绘画不等于设计，而是服务于设计。装帧设计、封面设计，它所表现的形象，不管是具体的还是抽象的，常常不是对自然的再现，而是经过设计者概括、提炼了的，因此，它必然借助于装饰性手段。张守义同志设计的许多封面、环衬、扉页、题花，不论是人物形象或景物，都不难从中看出他的装饰性功夫很深。王卓倩同志设计的许多封面，不论是一根线、一行字、一个抽象符号，还是两三块色彩，都具有浓厚的装饰美。这是装帧设计所独有的表现手法。光有绘画基本功的同志不一定都能解决得了。所以，搞装帧设计、封面设计的同志，需要下功夫学习装饰美术，要懂得装饰美术规律和特点，提高对装饰美的感受和欣赏能力。在这方面，我国传统艺术中的绘画、壁画、雕塑、建筑、纺织、陶瓷以及书法金石等等都程度不同地使用了装饰性手法。现代国外的绘画、壁画、工艺美术、建筑、家具等等也具有鲜明的装饰美。搞装帧设计的同志要学习装饰美术，要研究装饰美学，要在这方面下大工夫。不能一讲学习，就是绘画，画素描人像，画油画风景，这些虽重要，但更重要的是训练自己能够用书籍装帧艺术的眼光来看自然景象，把自然景象用装帧艺术惯用的方法表现出来，是自然的，又是我的。如果我们写生的画面，同美院的师生、国画院的画家有所不同，使人能看出这是在出版单位搞装帧设计的同志画的,有这个特点,我们就在艺苑中开出了新花,作出了新贡献。

现在我们提倡对书籍的整体设计。不论是搞封面设计的同志,还是搞正文版面设计的同志,都有个适应新形势的问题,搞封面设计的同志同时应该考虑一本书的形象问题,一部书稿放到你面前,你要根据书稿的内容、性质、特点、读者对象等等作出正确的判断,并由此对这部书稿的书籍形态拟出方案,即它的开本大小,精装还是平装,几种版本,用什么纸张,用什么排印装工艺等等。解决上述一些问题,除了从书稿本身作依据,从读者对象着眼这一点是不可忽视的。是哪一部分读者使用,在什么条件下使用,只有从书稿和读者两方面考虑,同时顾及艺术效果和工艺效果的结合,才有可能拟定比较适宜的方案。由此可见,装帧设计家需要的业务知识面是很宽的,要懂得现代各种类型的制版工艺和印刷工艺,要懂得纸张和装帧材料的性能和规格,这才能调度物质材料和工艺技术的潜力以便顺序地理想地实现预想的效果。我们有些搞封面设计多年的同志,对于铅字号数和磅(点)数的折换不清楚,因此对于行条不会应用,对于我国书籍正文纸张有哪几种规格不清楚,也就不会运用开本,对于社会上美术家的作品风格、特点不清楚,也就不会借用社会力量。我常说,搞设计就像导演,调哪些演员来演,你不知道,演员的个性特长也不知道,演员在什么地方也不知道,灯光、布景、道具都不熟悉,你怎么能排演好这台戏呢?我希望搞设计的同志还是学一点编辑、出版、印刷

（排、印、装）、材料、宣传等知识，这样，设计时就更接近实际，便于组织生产。我常看到一些封面、书脊、扉页由于在字体、字号、空开、地位方面没有精确的设计，印出后出现不良效果、影响了全局。原因恐怕就是缺少上面讲到的一些有关知识。

还有一个方面，是文艺修养。文艺修养和艺术才华构成艺术素质。任何艺术作品，总是留下了创作者的艺术素质的烙印的，一帧装帧作品或一个封面，不仅从总的设计上反映出作者文艺修养底子的厚薄，就是从色彩、线条、美术字等方面，也能说明水平的高低。这里有气质上的粗俗和典雅的区别，或者情调上的小气和大方的区别。有的淡而无味，有的却经得起咀嚼，而且越嚼越有味，这就是由创作者的艺术素质直接决定着的。我自己就是不注意文艺修养，艺术素质太差，单一地搞装帧设计，因而很吃了些亏。知识还是博一点宽一点好，要喜爱、了解诸如书法、金石、音乐、舞蹈、戏剧、电影、文学、诗歌等，要尽可能多结交些搞文艺的同志，好处是可以相互学习、彼此影响。总之，自己要创造条件，让比较多的时间在艺术空气中度过，使自己艺术素质一天天地厚实起来。

再讲讲创新和继承的问题。在装帧上，我们提倡创新和解放思想，但也要注意继承和学习传统。在借鉴时，要用脑子分析一下：好还是坏，有用还是无用，要结合我们的特点和条件来使用，不要模仿得一模一样，借鉴外国的东西，一定要考虑我们民族的审美习惯，不要不加分析地将不好的，不健康的都吸收过来。目前有些书的封面，总觉得缺乏文化学术的气质，好像挤眉弄眼地引诱读者冲动。这种倾向不好。书籍装帧艺术，要经得起时间的考验，那种装腔作势，自以为花哨，可以诱人喜爱的，严格地讲，已算不得艺术作品了。

另一方面，有的出版社的书籍封面，仍然保持 50 年代 60 年代的面貌。也许他们认为这是自己的风格，或是传统。但是守旧决不是传统，传统也不是一成不变的。我们提倡现代化的中国风格，就是要有时代气息的民族气魄。民族的东西也会随时代的前进而发展变化，我们要研究和把握各个时期的发展和变化，趋势和特点，从而创时代之新。

《美术》第 8 期　1981 年 8 月 20 日

书籍装帧艺术大有可为

为了提高我市美术编辑的业务水平，使我市书籍装帧艺术研究活动积极地开展起来，最近，出版局组织了一次为期两天的书籍装帧艺术报告会。邀请了国家出版局装帧研究室负责人张慈中同志，国内著名书籍装帧设计家曹辛之同志和中央工艺美院装潢系书籍装帧专业教授邱陵同志做了精彩的专题报告。

11月13日下午，报告会由张慈中同志主讲。他首先分析了目前国内书籍装帧工作的形势。他说：近年来举办的书籍装帧艺术展览在社会上引起了强烈的反应，不仅群众欢迎，美术界重视和赞许，也使各级领导部门和出版单位看到了我们的工作是大有可为的。最近西南、西北书籍装帧学术活动搞得很活跃，带来了积极的效果。从上海书市看，四川和云南的书籍装帧就比较突出，当然其他许多地区如江苏、安徽、陕西等地也都在赶上来。在谈到天津时，他说：天津是三大城市之一，工业基础雄厚，印刷条件好，几家出版社在国内也有影响，所以天津的书装工作是有希望的，应该说是能走在前边的。

接着，张慈中同志就书籍装帧设计在整个出版工作的地位、任务和重要性；书籍装帧不同于一般艺术的特殊的艺术规律；美术编辑与领导与文字编辑的关系；以及美术编辑自身的修养等问题进行了详尽的论述。

他说：书籍装帧是艺术。我们首先要这样认识它，才能有决心和兴趣搞好它。不久前去西南，我听到许多同志和我讲：'老张，你放心，我下决心不改行了，我要干一辈子书籍装帧。"我听了实在高兴。过去，一些同志干着书籍装帧自有其特殊的艺术价值，而且它还肩负着把千千万万读者带进知识大门的神圣使命。它的美学的社会作用比较其他艺术门类自有其特殊的广泛性。越来越多的人看到了书籍装帧工作的重要性，而我们搞装帧设计的同志更应该首先看到这一点。同志们拿出点事业心来！每一件设计都非干到筋疲力尽不可，我不相信我们的工作还干不好。

他在谈到美术编辑与编辑部主任与文字编辑的关系时说：多少年来、美术编辑和文字编辑在对待封面设计的取舍问题上总是搅不清楚。有不少美术编辑反映，说在出版社搞封面设计真是难呵！婆婆多，胃口不同，不好对付。这是由于分工职责、权限不明确造成的。这些关系是否摆得恰当对工作能否做好有很大的影响。

目前美术编辑的主要工作是封面设计。搞封面设计，首先要尽可能了解书稿的一切有关情况，而文字编辑是第一读者，对书稿的情况最熟悉，有充分的发言权。美术编辑一定要主动地与文字编辑取得密切的联系，除了了解情况，还应认真考虑他们对封面设计的设想。但文字编辑毕竟是从他的工作角度来认识书稿的，这种认识只能作为装帧设计的参考。美术编辑通过思考分析，理应有所取舍，进行创造性的艺术加工，使其变为具体或抽象的形象，这种劳动是非常辛苦的。对已经设计好的封面，美术编辑应把设计意图向文字编辑讲清楚，文字编辑也应尊重美术编辑的设计和劳动，尽量由美编自己来选择表现手法和设计风格，解决艺术处理上的问题，因为这种创造性的艺术活动，干涉太多太死，甚至具体提出加上这点，去掉那点，或不喜欢某种颜色，改换另一种颜色，把自己的偏爱强加于人，只能产生与愿望适得其反的结果，不利于它的发展。我还听到一家出版社的总编辑与我讲："我的工作已经够忙了，还要审查封面设计，我不懂美术，偏又要拿出具体意见，真是令人头痛。"我去找这家出版社的美术编辑，他却又讲："拿我们的总编辑真没办法，拿去三个方案，哪个最糟他选哪个，选中的从来不是我中意的，封面设计最好别署我的名字。"于是我又回转去对那位总编辑说："你干嘛非要管得那么具体呢？你既然不懂为什么不可以听听美编的意见呢？"这位总编听了我的话，这家出版社的书籍装帧水平很快就大有起色了。要相信美术编辑与文字编辑一样愿意把书搞好，对搞好书籍装帧，美编的心情可以说更迫切。没有哪一个美编愿意把自己最糟的设计拿出去，封底却还要署上自己的名字。

在谈到修养问题时，他说：知识是博一点、宽一点好，要了解和接触书法、金石、音乐、舞蹈、戏剧、电影、文学、诗歌等各种艺术。要创造条件，让比较多的时间在艺术空气中度过，使自己的艺术素养一天天地厚实起来。除了下苦功，还要走出去，开阔自己的视野，学会从自己工作的角度观察生活，吸收营养。

张慈中同志还谈到加强书籍装帧理论建设的问题。他热情洋溢的讲话给与会者留下深刻的印象。

柯梅记录
1981 年 11 月 13 日

中国培养书籍装帧设计专业人员方面的概况

一千多年前，中国发明了纸张和印刷术，中国古代的刻、写、抄书的时代由此为印书的新时代所代替。中国书籍印刷业就此发展起来，并伴随着中国古代书籍装帧的诞生，经过几个世纪的印刷、装潢等前辈的创造性劳动，形成了具有鲜明的民族传统文化艺术与工艺技术相结合的中国古代书籍装帧艺术，向世界文明作出了贡献。

中华人民共和国成立后，中国的出版事业进入一个崭新的发展时期，全国各类专业出版社纷纷建立，书籍装帧设计专业人员的需求就显得非常迫切，各出版社分别就地吸收社会上的版画家、油画家、国画家、装潢美术设计家及美术学院的毕业生，充实各类书籍的封面、插图、版面的装帧设计，经过五六年时间，基本上建立起一支初具规模的三百多人搞装帧设计的专业队伍。

1956年，中国政府创建了中央工艺美术学院。该院开设的书籍装帧专业是中国仅有的一个培养书籍装帧设计专业，这个专业在"文化大革命"前共为国家培养了五届本科毕业生和一期研究班共七十多人。1977年底又开始招生，1981年、1982年又有两届毕业生。这七届毕业生充实了原有的装帧设计专业队伍，他们已成为目前装帧设计工作上的一支重要力量。

除了以上这两方面人员组成的装帧专业队伍外，还有其他一些部门造就的专业和非专业的美术人员陆续补充进来。其中有上海出版机构办的装帧专业培训班培养的具有中专水平的几位青年装帧设计人员，有各出版单位内部以老设计家带徒弟的形式带出的一批新手；还有中央美术学院以及它的附中的若干学生；再是上海轻工业专科学校、上海工艺美术学校、北京师范大学、中央戏剧学院、东北的鲁迅艺术学院、哈尔滨艺术学院、浙江美术学院等若干毕业生。他们虽未受过装帧专业的训练，但是有一定的美术基础知识，在出版单位工作几年就已成长为装帧设计专业的中坚力量。

最近几年，为进一步提高装帧设计专业人员的艺术修养和设计才能，国家出版局委托中央工艺美术学院开办了专业人员进修班，每期 6 个月，学员 20 名，在学院老师指导下学习基础课和专业课。中国出版工作者协会装帧研究室组织了一些有经验的装帧设计家和外国专家讲授设计经验和学术讲座十多次，每次有一百多人听讲。去年还组织了几位老装帧设计专家去西南、西北、中南地区讲学，听讲的除了装帧设计专业人员外，还有业余美术创作人员和出版单位的编辑同志。装帧研究室编的《装帧》上还发表过廿八篇有关创作经验谈、学术探讨、评论等文章。所有这些，在提高装帧设计人员的理论水平和充实设计知识方面起了一定的作用。

国家对装帧设计人员的创造性工作和在装帧艺术上所取

得的成就，历来很重视，从新中国成立以来曾举办过各种类型的观摩会、展览会，也举办过评选和颁发奖金的活动。1959年中国政府参加了莱比锡1959年国际书籍艺术展览会，并获得金质奖五个，银质奖六个，铜质奖四个。1979年春，国家出版局、中国美术家协会主办了"全国书籍装帧艺术展览"，这是新中国成立以来规模最大的一次展览，展出作品一千一百多种，并在杭州、长沙、西安三个城市巡回展出，观众达十万四千余人。展出期间还开展了群众性的优秀作品评选活动，61件展品分别获整体设计奖（3个）、封面设计奖（42个）、插图奖（13个）和印刷奖（3个）。国家出版局、中国美术家协会对获奖者颁发了奖状和奖金。国家出版局还在展出的同时，在北京召开了有五十余位来自各地的装帧设计专业人员的书籍装帧工作座谈会，会间全体代表提出了《关于加强书籍装帧工作的建议》，国家出版局以文件形式转发全国各出版单位。不久，各地区的出版单位积极贯彻文件精神，落实各项建议，改进了装帧设计工作，调动了设计人员的创作热情，三年内出现了一批立意深、构思新、形式美、工艺精的风格多样的优秀书籍装帧艺术作品，并涌现出一批有才华的中、青年优秀装帧设计家。

1981年春，中国出版协会决定每年举办一次年度优秀装帧设计评选活动，1981年参加评选的有29省市的109家出版社，共收到优秀装帧设计664件。经过群众、专家、领导三方面评议，选出优秀作品100件。通过这次评选活动，进一步调动了全国装帧设计专业人员的积极性，并推动了各地区的装帧设计工作。目前三个地区性的评选活动已开展，各出版单位自己举办的评选发奖活动就更多了。

三十多年来，中国的书籍装帧设计家陆续参加中国美术家协会的已有四十多位会员，参加上海和其他分会的会员也有数十人之多，可见，中国书籍装帧设计家不仅受到国家政府的重视，而且得到了社会的重视，他们已成为中国美术界的一支优秀力量。

目前中国的书籍装帧设计专业人员，据不完全统计（不包括版面设计人员）约有五百余人，其中受过高等教育的有一百二三十人，受过装帧专业的有七十多人。其次业余装帧设计人员也有一百多人。他们每年创作各类书籍装帧设计近两万种。他们中间不少人员，每年还有一个月的时间深入生活，进行业务进修和各种美术创作活动，参加各种类型的美术展览。他们的装帧设计和他们的美术作品在社会上得到了良好的声誉，报刊上经常有评论书籍装帧艺术和介绍书籍装帧设计家的文章。这一切都预示着中国书籍装帧设计家前程远大、中国书籍装帧艺术光辉灿烂。

专为联合国教科文机构需要提供
1982 年 2 月

设计水平大有提高
理论建树亟待开展

这几年，由于出版部门各级领导对装帧工作的重视，在装帧工作方面又采取了一些改进措施，这就调动了广大装帧专业同志的积极性，解放思想，突破禁区，创作出一大批立意新颖、风格各异的优秀装帧作品，在发展我国的书籍装帧艺术和提高出版物质量上作出了显著的成绩。近年来，报刊上已不难见到装帧艺术的评介文章，1981年第八期《美术》杂志以专辑形式介绍了书籍装帧艺术。这说明文化界、美术界以及广大读者对装帧艺术的日渐重视，并对我们的成绩予以肯定。

从1980年度全国书籍装帧优秀作品的评选活动中，各社推荐来的565件优秀作品看，思想活跃、大胆创新是封面设计的总倾向；地方特色、个人风格的显露是个新现象；注重整体设计的作品大量出现；版面设计正突破旧程式，走向多样化。总之，这一年进步很大，成绩可喜，面貌一新。但也还有不足，如科技、文教类书籍的封面设计进步较慢；整体设计的统一和谐性不够；版式设计缺乏美观；插图的质量和品种没有多大突破；印装质量提高不大；装帧材料品种花色太少。这些不足，影响了装帧艺术水平。今后须从设计、印装、物资等方面共同努力去逐步解决。

　　书籍装帧艺术的发展是与出版事业的发展密切联系在一起的。在不同的历史社会条件下，对书籍装帧艺术的看法和要求也不相同，以前的书籍与现在的书籍面貌全然不一样。19世纪末期到20世纪初期，我国书籍的装帧设计出于美术家之手的不多，五四后鲁迅先生提倡书籍装帧艺术，当时也只有少数美术家在努力，不像现在这样具有广泛的社会性。新中国建立后，出版社吸收了大量美术工作者从事装帧设计，还吸收了一批同志专搞版面设计。对书籍装帧工作的认识，虽在出版和美术界很多同志中有过一个较长的过程，随着出版事业的发展、读者要求的不断提高，终于有更多同志取得了比较完整、深刻的认识。书籍装帧艺术经过三十多年的实践，已经形成了一套独特的表现手法和审美习惯。目前，我们正进一步努力创造现代化中国风格的社会主义装帧艺术。我们还形成了一支相当可观的专业队伍，其中有一批经验丰富的设计家和有才华的青年设计工作者，社会上还有不少著名美术家积极帮助我们的工作。可以预见，在四化建设中，我国的书籍装帧艺术将出现一个百花争妍的繁荣局面。

　　当前影响装帧艺术水平进一步提高的主要环节，是整体设计不完美，物质和工艺技术水平低。这几年着重抓了封面设计，对整体设计和版面设计注意不够。搞版面设计的同志有熟练技术设计手段，然而一般都缺乏美术知识，搞封面设计的同志有丰富的美术设计能力，然而常常对版面设计的技术手段很不注意。封面设计和版面设计各自为政的做法显然是有缺点的，须加改进。出版社可考虑设统管装帧业务的部门，把目前分开的封面设计和版面设计统为一体，以使设计人员逐步训练成为全面的装帧设计专家。

我们的专业同志应当时时不忘学习，充实自己。坚持每年在职进修一个月是必要的，但这究竟是有限的学习，还要靠自己在工作中、生活中抓紧学习。领导也要把培养干部放在日程上，去年国家出版局委托中央工艺美术学院办了一期装帧进修班，今后还要创造条件继续搞好类似活动。各地也可在培训干部方面创造条件，开展活动。

西南和西北地区、中南地区每年分别进行一次装帧观摩交流，局、社领导和装帧设计人员一道，共同研究装帧设计工作，这对提高认识、加强领导、巩固专业思想、鼓舞创作热情，以及开展经验交流、进行学术探讨，总之对促进装帧工作、提高设计水平，无疑是极有益的活动。

我国现有二百多家出版社，封面设计和版面设计人员有八百人左右。一年有近两万种图书要设计，要求件件精品，这是不现实的。但是，各出版社应根据自己每年的出版任务，从中选出若干种书作为重点突破，从编辑加工、装帧设计、校对、印装和材料全面下点工夫。只要领导重视，把干部力量组织好，各个环节都按高标准要求，每个社一年搞五本、十本从内容到形式都有自己特点的比较完美统一和谐的出版物，是完全有可能的。这样，全国一年有近千种具有高水平的图书，就很可观了。更重要的是，我们在少量图书上摸索出提高装帧质量的经验，就为普遍提高我国书籍装帧质量铺开了道路。

要使书籍装帧艺术向更高水平发展，还须建立自己的专门学科，开展理论研究。任何一门艺术趋于完美，总是在它发生和发展的道路上经历着这样的过程：从实践摸索，到经验总结，到形成理论，而后再实践，总结新经验，形成新理论……我国的书籍装帧艺术已经有过一段漫长的发展道路。在纸张和印刷术发明后，我们的祖先留下了丰富的书籍装帧艺术品，却没有像其他艺术那样同时留下理论财富，在一些图书的文字中有涉及装帧的记载，却没有形成一门学科理论。新中国建立后，我们在书籍装帧艺术设计方面取得了丰富的经验，然而也没有认真地开展过理论工作。现在应当把建设书籍装帧理论作为我们这一代人应尽的职责。希望同志们都动动笔，写点东西，多年从事装帧工作的同志更应该把自己的丰富经验写出来。有了材料，我们可以编成教材，这是很必要的。我国没有一个出版学院，出版队伍里的许多同志是改行来的，我也是改行过来的。但我们走了三十多年路，积累下很多实际的宝贵经验，我们把它上升到理论，留给后来人，更有利于发展我国的书籍装帧艺术。我们装帧专业人员也在不断老化，这就有个带徒弟的问题，目前装帧界年轻人太少，二十几岁的寥寥无几，那怎么行呢？无论从哪个角度考虑，总结经验，建设理论，都是当前急事。

《装帧》第 18 期　1982 年 4 月

在大百科全书配图
工作会议上的发言

参加了六天会议，谈一点感受和认识。

总的感觉，会议开的较成功，符合领导的要求，达到了预期的目的。

这次会议，社领导椿芳同志、明复同志以及总编室李钦同志和我们总、分社的美编摄影同志一起，共同研究和总结《全书》的配图经验，是会议取得圆满成功的一个重要方面。

椿芳同志的讲话，涉及面很宽，我觉得有七个方面的问题与我们配图工作有关。

第一，向专家学习和合作的问题。要使这部《全书》具有当前的中国水平、有中国特点和中国气派，配图工作同样需要很好地依靠各方面的专家合作，向他们学习请教。

第二，了解和研究工作对象的问题。我们的同志多数是从其他战线上转过来的，现在工作对象变为编辑出版百科全书，这就要求我们对新的对象的特征有所理解、有所研究，将各自的专业才能在《全书》上生根，发挥作用。

第三，经济规律和质量水平的问题。搞出版工作，就要动用国家资财，配图工作也要有经济观点，在压缩经济开支的基础上办更多的事,在少花钱的同时保证工作质量水平,关键是如何发挥主观能动作用。

第四,创新的问题。在20世纪80年代搞《全书》配图工作,前人没有多少经验留下,外国经验虽可借鉴,但毕竟还要根据我们的特点来搞,因此就需要有创新的精神和胆识。

第五,把配图工作当作科学事业来对待的问题,这一点,领导站得高看得远,认为做好《全书》的配图工作,应有广泛的知识、专门学问、科学方法,所以配图工作作为一种专业科学去研究是有必要的。

第六,目前工作和长远工作的问题。要在完成当前配图任务的同时,把眼光放远一点,考虑得细致一点,尽可能安排好一些长远工作。

最后,提高修养的问题。搞百科全书,涉及的知识面广,我们在思想水平、基础知识、专业学问、业务能力和外文等方面努力提高修养,充实自己,配图工作才能出现高水平。

听了椿芳同志的讲话,很有感触,老同志对我们这一代、两代人循善惇诲,既充分信任我们又迫切希望我们把《全书》的工作越做越好,使大百科事业越来越兴旺。

阴复同志对《全书》配图工作一直是关心的,这次会议是在他的动议和促进下召开的,他已经深入到我们的工作中来了,了解我们的经验和教训,准备采取措施,加强领导和改进配图工作,这就给了我们做好配图工作的信心和力量。

　　这次会议有两个议程：一是交流经验；二是讨论"配图体例"和"配图流程"。这两个议程是有机联系的，没有前面的很好的交流经验，后面的讨论就不可能很切实际。

　　交流经验时，五位同志发了言，还有几位同志交来了书面发言。内容丰富，有经验有教训，有理论有方法。《天文学》卷，经验很多，我觉得思想领先，全局考虑和具体设想是主要的。对图片插图数量多、变动大、周转中的复杂性等，思想上有准备，因此在编号上创造了工作号和分支条目相结合的办法，使分支条目审稿或ＡＢＣＤ使用都能正确地与释文配合；彩图内容是从学科的整体考虑的，从反映中外古今在天文学方面的基本面貌出发的。因此在选图、数量、次序等方面目的性明确；黑白图片和插图，在考虑正确性的同时考虑它能够发挥的作用和价值，一张图片或插图能提高的，就尽力提高，即使上了版面，一旦发觉不理想，还要想方设法搜寻更好的换上去。这些点滴的积累、精益求精的工作态度，使《天文学》卷的配图质量打下了扎实的基础，赢得了声誉。

　　《天文学》卷也有不可借鉴的，比如，图稿绝大多数不是来源于撰稿人，基本上是图文两条线各自独立进行的。因此在图文的关系上产生不少问题，造成很多不必有的困难。

　　《外国文学》卷，它的条件、内容、任务繁简、实践时间的长短、四周力量的配合都与《天文学》卷不同，特别是美编本身的条件与《天文学》卷的无法相比。可是美编克服了种种困难,终于完成了任务。他没有经验,从实践中求索,没有知识,请教老师,没有办法,求助于同志。这种敢于挑担子又虚心学习的精神,值得我们借鉴和学习。他在交流经验时,敢于自我解剖,敢于否定自己。对自己的缺点和弱点、对工作中的失误都毫不隐瞒,做到这一点,很不容易。讲自己的长处和成功,到处都可听到,讲自己的短处和失误,就很难听得到。可是,进步的女神是乐意伴随后者的。

《外国文学》卷也暴露了不少问题,值得我深思。作为美编室领导,没有及时采取措施,调整力量,给他帮助和支持,如果工作上有什么损失,我有责任。

《体育》卷,稿已发了,还没有出书,这一卷的主要经验是请"诸葛亮"。美编在工作一开始,就从十六个分支的专家中,物色熟悉图片工作的又热心于大百科工作的专家合作,用他的话说是"请了十几位李元"。《体育》卷配图工作比较顺当,是与他选择这步棋有很大关系的。

这三卷配图工作的经验还很多,但带共性的问题已显示出来了。修养问题,很重要,修养差,工作就吃力;请专家合作的问题,是个方针的问题,今后各卷都要贯彻;了解自己工作对象的问题,基本上停留在表面上,很不深刻;提高质量水平和经济规律的问题,更是掌握不了。我们这些有关的经验和教训,要落实在"配图体例"和"配图流程"中,落实在"美术编辑、摄影记者工作条例"中,落实到工作措施和制度上去。

这次交流经验后，我对配图的重要性认识比较具体了，有内容了。首先配图工作是一项具有高度思想性的工作，它不单是技术性的工作，也不只是搜集资料工作，更不是配角和跑腿工作。这些工作要做，但有个思想指导的问题，什么样思想指导就有什么样的工作，一切手段归根结底是受思想支配的。比如说，我们主张用辩证唯物主义和历史唯物主义观点解释世界，那么，配图工作有这个观点和没有这个观点就不一样，后者就有可能不顾事实，单纯从技术观点和唯美主义出发，甚至可能弄虚作假。事实上，我们《全书》中某些图片就已经有这种现象。这种现象不消除，会使我们的《全书》失掉威信和声誉。

　　其次，配图工作必须首先符合《全书》整体的需要，符合《全书》的性质和特点，游离了《全书》的需要、性质和特点，做得再好、再美、再完整，都不是大百科全书的而是别的什么，不符合主体需要的规格的部件都是废品。我们《全书》配图工作绝对不能这样做。

　　再一个问题，在《全书》配图工作中，通过我们的眼——审美水平，通过我们的手——艺术手段，使图片增添艺术感染力，让读者乐于欣赏，引读者进入我们所宣传的科学知识领域，获得知识和力量，进而作用于四化建设。我们美术、摄影同志，应当努力使自己的专业才能作用于广大读者和社会。

　　还有一个问题，人与人之间的关系问题。关系有上下的，有左右的，有内外的。处理关系，有两种态度，一种是尊重别人、虚心学习的态度，另一种是骄傲自大、自以为是的态度。经验和教训证明，前者可使双方积极性发挥，有利工作，后者使双方积极性抵消，影响工作。因此摆正自己的位置，养成谦虚的美德也是重要的。

大百科诞生到现在，有四个年头了，是个四岁的孩子了，会说话会思考问题了，这是了不起的变化。但毕竟还处在幼稚状态，就以配图工作来看，许多规律性的东西，还了解不深，没有把握住，今后还有六十多卷的重任，对我们来讲自满和夸耀是要不得的。

由于第一议程进行较顺利，在第二个议程讨论"体例"和"流程"时，大家的认识比较一致。对"体例"只是修改配图指导思想和配图框架。对"流程"主要确定与文字编辑交茬阶段和接茬后首先抓配图框架，另一个是一审稿见草图。这两个源头抓住了，下面的流程就容易解决了。

六天会议，经验交流了，两个文件的初稿通过了，认识提高了，信心加强了，这就是会议所取得的成功。

我的感受和认识很浅，可能有错，请同志们指正。

1982 年 8 月 18 日

辞书装帧工作的经验和愿望

近年来，我国辞书，包括综合性百科全书和专业性百科全书，各种门类的词典和字典、年鉴、手册以及参考资料等的出版，无论在品种和印数上，都有明显的增长。辞书的装帧设计和印装质量也在逐步提高，其中《辞海》《辞源》《中国大百科全书·天文学》《中国出版年鉴》《汉英词典》《中国历史学年鉴》《中学语文教师手册》《中国名胜词典》《音乐欣赏手册》，分别评为全国封面、版式、印装优秀装帧奖，受到出版印刷界和读者的赞扬。但也还有不少的辞书装帧设计和印装质量没有达到应有的水平，因此，进一步普遍提高和改进辞书的装帧质量，还是非常必要的。

（一）关于工具书籍的装帧设计

书籍是积累知识和传播知识的工具，是让广大读者阅读和使用的。一切书籍装帧都应当体现这两方面的作用，这是书籍装帧的一个共性问题。但书籍的门类众多，读者对象、阅读条件和使用范围等都存在着不同程度的差别，因而又有各自的特点。即使同类书籍，也还有各自的个性，例如一本翻译的《苏联百科辞典》和一本《中国成语词典》，显然他们的个性和面貌是不同的。书籍装帧还应当把各个不同的特点和个性给予明显的反映。一个装帧设计家应当在考虑书籍共性的同时还要把握住各种特点和不同个性，创造具有书籍共性的品质和明显的个性的性格，并赋予有美感和有实用价值的书籍艺术形象。辞书的装帧设计也应该是这样。

辞书与其他书籍的区别，就其内容方面，它是汇集人类社会实践中创造出来的基本知识大成，不论是综合性的汇集，系统性的或分类性的汇集，都具有内容的广度和稳定性。就其阅读和使用方面，它是解答人们在实际工作中遇到疑难问题时检索查阅用的，不是连续性阅读研究用的。内容与使用上的这两个特点，使它的流通范围在某种程度上比其他类别的书籍要宽广，它的使用寿命也比较长。这就使辞书装帧有机会有条件可以形成自己的独有的面貌和特性。

目前，各出版社进行装帧设计工作的有两部分同志，一部分是受过美术专业教育的美术编辑（美术设计），一部分是具有排、印、装工艺知识的技术编辑（技术设计）。在通常情况下，每一本书的装帧设计是这两部分同志分工完成的。他们对自己工作的对象——书籍和具体的某一本书了解和熟悉的程度如何、感情深浅如何，都会在美术设计和技术设计方面或明或暗地流露出来。有些书籍装帧设计很有文采，个性鲜明，既得体，又美观实用；有些书籍装帧设计则很一般化，缺少文采，没有特色。这除了设计者的艺术素质和业务水平以外，上述提到的理解和感情因素在这方面所产生的影响肯定是有的。

我设计《中国出版年鉴》时，构思过程很长。我对出版工作可说比较熟悉，也有感情，因而应是容易驾驭它的。但起初我对这样一本年鉴工具书的情况了解不多，摸不准它的性格，也就无法找到确切的艺术形象和艺术语言。因而在构思过程中反复探索它的个性特征，继续深化感情，不知在什么时候，渐渐地将我的思路引进到我国文化历史长河里，祖先创造活体字，为出版事业开拓出一个新局面的历史，像电影银幕那样展开了。活体字的发明，将原来汉字手写体逐步规范成老宋印刷体。银幕的倒叙法又使我回到20世纪80年代，看到千千万万个大大小小的宋体铅字，夜以继日地为我国出版工作献身。宋体铅字与出版工作相依为命的光辉历史打动了我的感情，激起了民族自豪感。灵感触动了，于是我的美术设计经验和审美力也调动起来，热情地为它塑像了。《中国出版年鉴》出版后，人们见到这个装帧设计，简单地想借用这些形式在另一本辞书上尝试，结果是塑造出来的装帧形象缺乏个性特征，也不新颖大方。这是什么原因呢？这是因为我对自己工作对象有过深入了解和感情深化的过程后才塑造的形象。这种形象具有个性品格，而后者对自己工作对象并没有深入了解也没有感情深化的过程，只是机械地运用美术设计手段的缘故。

有人说过：搞文学作品的书籍装帧设计，才有必要了解内容、熟悉对象和感情深化，其实，各种门类的书籍装帧设计都应该这样。

深入了解和熟悉工作对象，培养对工作对象的感情，也是为了处理好装帧设计工作的从属性问题。任何工作都有一定的从属性和独立性，具有从属性又有独立性的书籍装帧才是有价值的。有些同志不注意这个问题，不适当地强调"我是画画的""辞书太抽象，没法画"，把自己的美术才能或者说画画天才看成是纯独立的东西，不能从属于辞书装帧设计。这种思想，阻塞了与工作对象沟通感情的道路，也扑灭了自己智慧的火花，使自己的美术才能不能发挥应有的作用。这种教训，我曾经有过多次，应当引以为戒，努力在工作中正确处理好自己的才能与所从事的工作的关系。

　　装帧艺术创作思维活动是复杂和艰辛的，既有抽象思维的活动又有形象思维的活动。一会儿想的是一般的、本质的，一会儿想的是个别的、现象的，一会儿想到灵魂和结构，一会儿想到形状和色彩。总是要经过多次反复的有时交织在一起的思维活动后才确立内容和主题。装帧设计家不是像文学家那样将思维的结果运用文字手段来表达，而是把思维结果——想象中的生动丰富的内容与深刻鲜明的主题思想，通过美术和技术手段塑造可视的艺术形象，并表达出一定的主题思想。

　　思维活动是重要的，但思维活动不能代替设计和造型手段。例如当我想到宋体铅字这个形象时，如果我没有塑造这种形象的技巧和技术，显然我所要表达的主题思想也就无从依附了。

　　提高设计能力和造型能力是提高书籍装帧设计水平的另一个重要因素。这个道理，多数同志是懂得的，他们在学习和工作实践中很注意锻炼。上海和其他地区的不少中青年装帧设计人员，他们的设计能力和造型能力是较强的，他们的装帧设计作品在全国优秀装帧作品评选中占了很多席位，这是非常可喜的。但是，我们同样看到很大一部分装帧设计（美术设计和技术设计）作品，在设计能力和造型能力上是软弱的，这是设计人员缺乏基本功的锻炼，缺乏有关的业务知识的缘故。这种情况，应当引起出版界的领导和装帧工作同志的重视，在使用和培养方面要有措施，在学习和实践上要下工夫，使更多的装帧设计人员在设计能力和造型能力方面学到硬本领。这样，要不了多少年，我国的辞书装帧设计水平就会普遍提高。

（二）关于工具书籍的印刷装订工艺

没有装帧就没有书籍，没有装帧设计就没有装帧活动。书籍装帧活动主要是根据装帧设计方案，将必要的物质和印刷装订各种工艺互相结合起来，并逐步形成书籍形态，所以决定书籍装帧质量的不只是装帧设计，很大程度上取决于物质和印刷装订工艺水平。

印刷装订的工艺水平是受机械设备和人的思想技能双重制约的，许多事例说明这种制约的作用。有些厂子，设备较新，机械性能好，印装的书籍在装帧上质量较高；但也有这种情况，有些厂子，设备陈旧，机械性能差，然而人的思想和技能先进，也能印装出有质量的书籍。1959 年，上海许多厂子的设备并不太先进，比起现在来更是落后得多，可是在当时却印装出一批装帧质量很高的书籍，在莱比锡国际书籍艺术博览会上获得了极好的声誉，这批书至今还是我国书籍装帧艺术的范品。1980年，在安徽省黄山脚下的一个小厂子里，承印中国第一部大百科全书的《天文卷》，厂子的设备和技术都不如上海市的许多厂子，要印装好这本《天文卷》有很多困难，但厂领导和全厂职工对我国自己编辑出版的大百科全书在国内外的意义和作用有明确的思想认识，爱国热情、责任心和荣誉感交织成了巨大力量，终于将设备和技术造成的种种困难克服了。《中国大百科全书·天文卷》一出版，就赢得了国内外出版界、学术界知名人士和广大读者的好评。这样的例子在印刷界中不是少数。可见，印刷装订工艺水平的高低不全由设备和机械一个方面起作用，人的精神状态和技能也是起重要作用的。

印装工艺水平高的工具书籍装帧，使用时感到美好、方便和实用，读者会产生感激情绪的。同样，印装工艺水平低劣的工具书籍装帧，读者也会毫不客气地责备的。确实有少数工具书籍印装工艺水平太差，版面字迹不清，墨色不均匀，垫版不讲究，书页两面都显印凸痕，厚部头的工具书没有使用多久，书的造型就走样了，书口像大肚子那样凸出来了，书芯和书壳之间也松脱了。出现这些毛病，是否由于对工具书的特点研究不够或注意不够有关系呢？工具书籍，一般来讲，字数多，版面字号小密度大，目录、索引、对照表、附录以及参考资料等部件较多，有的还是图文并茂，用纸薄、印张多，精装多于平装，开本反差大，小的128开，大的 16 开，使用范围宽，使用寿命长。这种种因素和特点，印刷研究单位和印刷厂对它研究得怎样，考虑得怎样，在工艺方面有什么改革和创新，辞书如何注意印装工艺所引起装帧上的毛病等等问题，应当引起印刷界重视。

目前，由于书籍装帧材料和印装工艺水平没有普遍提高，使一些较好的辞书装帧设计没有充分体现出来，影响了我国辞书类工具书籍装帧艺术的进一步发展和提高。我们在努力提高辞书装帧设计水平的同时，必须强调提高辞书的装帧材料与印刷装订工艺水平，只有这样，才能使我国的辞书装帧艺术在世界书林中享有应得的声誉。

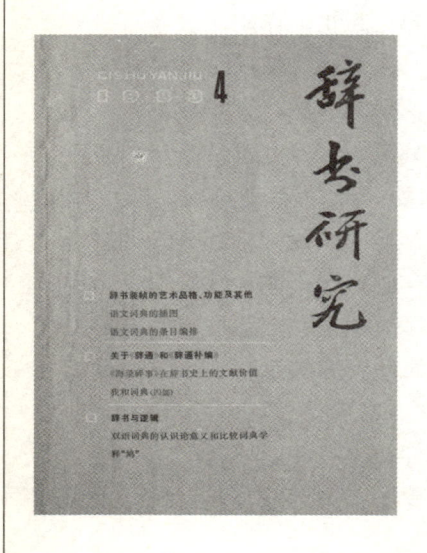

《辞书研究》第 4 期
1983 年 7 月

致东北三省第二届
书籍装帧年会全体代表的信

目前,我国的出版事业,正在全国大改革浪潮中前进,机构在调整,新社不断建立,品种增加,发行由单渠道变为多渠道,国际合作在扩大。更令人兴奋的是,全国读书风气掀起,各种各样的读书会像雨后春笋从祖国各地出现。农民富起来了,他们迫切须要大量的科学技术、文化艺术方面的书籍,我国的图书市场正在从城市扩展到广阔的农村。我们书籍装帧设计家应当看到这个新形势,应当知道自己有更好的用武之地了,愿我们团结起来,创造更多丰富多彩的具有时代特色和中国风格的书籍装帧艺术,为建设两个文明作贡献。

我们应当看到世界已进入信息时代,速度和效率正以百倍、千倍甚至万倍地增长,科学技术在大爆发,一切在更新换代,思维方法和工作秩序也在重新调整组合,我们装帧设计家也应当考虑如何适应这种形势的发展和时代的频率。过去三十多年,我们在装帧艺术方面,闯出了自己一条路,有一定的历史成就和特点,曾经得到国内外广大读者的赞许,这是肯定的,但由于我们在过去的年代里,基本上是关门摸索探讨,新鲜的养料补充不够,因此,发展的步子不算太大。就设计来讲，一是受思想方法的影响，二是受技术条件的制约，只是在一些共同习惯了的表现形式上作提高深化的努力，对于创造新的表现形式从而探索更多的新的设计手法就显得很不足。这一点，我们也应当正视，知长也知短，才能有信心前进！

由于时代的进步，人们对形象艺术的认识和审美意识，表现出无限的能力，许多美术家和观赏者共同合作在发掘简明生动的抽象艺术语言方面作出了成绩。美术家借用科学，认识到许多新的色彩和形象，那些光形幻变的图像丰富了美术家的视野增强了形象思维的能力，工业技术的发展，新的物质材料的出现，从视觉和触觉方面给人们审美心理起了新的变化，这一切，对于习惯性、传统性造成了冲击。去年我访问联邦德国时，参观了法兰克福国际书展，国际书籍装帧艺术传统的因素在缩小，而新的时代科学因素正起着重要作用，展览品很明显地表达了时代特色。

在国际书籍市场上，书籍竞争重要手段之一，就是书籍装帧质量和水平。那些设计新颖的，材料质量好的，印装工艺手段高的书籍，总是先打动读者的心，激起读者爱书的愿望。那些设计陈旧，材料差，工艺水平低的书籍，就显得无力竞争。书籍竞争手段还有几个方面：例如大量采用形象手段，以图文并茂，甚至以图为主的书籍正在充实国际书市，读者喜欢这类书籍，他们可以在这个信息时代，以少量时间通过鲜明生动的形象语言得到知识；其次是系列化的出版物正在掘起，十本、几十本的成套书籍同时出版，洋洋大观，很有气魄;还有一种竞争手段,即利用高效率快出书,将最新的科学上、学术上的成果,印成书籍,抢夺国际书市。书籍竞争的这四个方面,正是我们出版界还做得不够的方面。因此,我国的书籍还远远不能满足国际书市的要求。这对我们装帧设计同志来讲,必须认真对待:装帧讲究,首先要求设计创新;图文并茂,需要我们更好地学习版面设计;系列书的出版,需要我们学会整体的立体的设计;快出书,需要我们进一步熟悉和精通现代印装工艺。我们应当立志成为一个装帧设计专家,要善于学习,敢于实践还要有民族自豪感和竞争精神,敢于和国际高水平的装帧艺术较量。让我们团结起来,同心协力,共同努力,为创造社会主义现代化中国风格的书籍装帧艺术共同奋斗!

1984 年 7 月 1 日

致东北三省第二届书籍装帧年会全体代表的信　49

书籍的装帧设计

出版社的工作,最终是为了出版书籍,供社会上广大读者阅读使用。要出书,首先要有书稿,编辑部的工作就是负责解决书稿,从选题组稿开始,到编辑整理加工,最后审定发稿,其间作者同编辑耗费了许多宝贵的时间和心血,都是为了能够出版一本内容好、水平高的书籍。书籍不仅需要内容好,还需要形式美。书籍的形式是装帧,只有将内容与形式结合成为一个和谐的完美的装帧整体,才能引起读者的喜爱和珍藏。

这几年来,我国书籍装帧艺术水平有所提高,但只是封面设计与文学插图的艺术水平有较显著的提高,不低于国际水平。但装帧的其他方面,例如技术设计(版面设计)、开本和纸张、装帧材料、印装工艺等没有多大的改善和提高,从整个装帧艺术水平说,仍然落后于国际水平。当今,书籍装帧艺术水平已是国际上书籍竞争的一个方面,也是出版社博取社会声誉的一个因素。因此提高书籍装帧艺术水平已是出版社领导、编辑、设计、出版等同志共同的责任。

装帧艺术水平高低,首先取决于装帧的设计水平,设计是指导装帧活动的依据,什么是装帧活动呢?装帧是指构成书籍的各部位的物质材料与各项工艺技术相结合的全部活动的总和。一部书稿由于装帧活动才形成千万册相同的具有物质性能和精神功能的书籍形式，俗称书籍装帧。

一千多年前我国发明了造纸术和雕版活字印刷术，给书籍装帧提供了物质条件与工艺技术手段。人们把字印在一页页纸上，用各种染色纸、绫和锦等材料装潢成卷轴装、经折装、旋风装、蝴蝶装等装帧形式，以后有用打孔穿线的工艺装成包背装和线装等装帧形式，册页就此成为现代书籍的基本形式。近几十年，生产技术的继续发展和进步，书籍的基本物质纸张与装帧材料品种、规格更多样化了，书的开本从最大的对开到最小的 128 开，有长形、方形和扁形等 20 多种。书籍的基本工艺技术有激光照排、电子分色制版、四色联动印刷、精装联动装订等。装帧有平装、软精装、硬精装和豪华装等形式。如何处理好装帧物质和工艺的多方面内容以及它们多变性结合的关系，在书籍生产前把他们选择适当、组合得体，这就须要经过装帧设计了。

装帧设计，从设计的特征说，它也是科学与美学，技术与美术相结合的，它既要解决实际工作中的科学技术上的合理性，又要解决美学美术上的审美性。设计还必须有前提，有对象，是为了使用，是有从属性的，但它又能创造可欣赏的艺术形式，因此它又是具有一定的独立性的。设计是为了生产，又是指导生产的依据，因此它有受生产技术制约的一面，又有推动生产技术进步的一面。正是这些特征，它才使书籍装帧具有物质上的使用价值和形式上的审美价值，才有书籍装帧艺术学科的存在。

书籍装帧设计包含工艺、技术、美术三方面的内容，在工艺方面，如开本用纸、装帧材料、印刷装订工艺；技术方面，如全部文字内容的排版格式；美术方面，如封面书脊、包封、环衬、扉页、插图等。这三方面都各自有不同的设计规律和方法，经过装帧设计把它们协调起来成为完整的装帧整体。

　　装帧设计，不论是工艺还是技术或美术都应从属于书的类别、书的性质、书的内容和书的读者对象。一本古籍书，就得古朴典雅，版面设计用繁体字直排要比简体字横排相称；一本名画集，纸张和装帧材料得讲究印刷装订工艺的精美，像艺术博物馆那样吸引人们进去观赏。如果将一本研究诗词的集子封面设计成现代装饰艺术情趣，将一本现代科技书封面设计成民族传统艺术风采，岂不张冠李戴那样使人可笑。在设计过程中，解决任何一项内容，离开了具体的书的性质和内容以及书的读者对象，就会走错路，就很难达到装帧的完整性。

　　一本书的装帧完整不完整，关键在于有没有经过整体设计。有些书从开本和装帧形式就觉得它的体型很美，封面设计艺术性强，构图新颖，版面设计清晰悦目，纸张和装帧材料质地好、应用合理，印刷装订工艺精美，拿在手上，感到一切配合得那样贴切，那样恰如其分，十分完整可爱。这是有心人在整体设计上花了一番工夫的结果。有时也看到这样的书，它的开本和装帧形式选的不当，装帧体型的六边线缺乏美的比例，即使封面设计还不错，也掩盖不住丑的体型。正文版面天头地脚留得很少，加上行距过紧，密得透不过气。再是纸质差、印刷工艺水平低，版面花糊，引不起读者兴趣。这样的书拿在手上、放在书架上都没有美感，这是没有从整体效果考虑的结果。由此可见，有没有整体设计是大不一样的。

要做到整体设计，首先要有整体设计思想，对书的开本、装帧形式、工艺、用纸、装帧材料、版式、封面、插图以及其他有关内容，从里到外的布局结构，通过艺术构思，反复推敲比较，直至渐渐地出现了装帧总体形象的大概风貌和气质，对于各局部的关系在整体基础上已是适得其位，基本上体现了书的性质和内容，适应读者阅读条件。那么，将这个设想作为整体设计方案定下来，作为指导各方面具体设计内容的准则。重要的书、成套书、长时期才能出齐的书，还应将方案详细地写成书面材料，作为指导具体设计和组织生产的依据。

出版社对一本书的装帧整体规划实际是对它的价值的估计，也是体现出版社自身的思想水平和业务水平的一个方面。因此确定整体设计方案需要慎重。必要时总编辑、责任编辑、美术编辑、出版部主任要共同研究，最后由总编辑审定。

整体设计方案把工艺方面的绝大部分内容解决了，至于技术设计、美术设计的基本内容只是提出一些要求和原则意见，大量的具体设计任务还得由美术编辑和技术设计人员完成。

技术设计必须把书稿的全部内容（包括一切附件材料）仔细翻阅，基本上弄清楚它的性质、体例、结构、层次，然后对版面上的基本内容有个设想，用繁体字还是简体字，直排还是横排，正文字体字号，公式及图表的格式，图片及插图随文还是单插页，制版印刷是凸版还是平版等，如设想与整体设计有出入，还得研究调整。

将一部几十万字或几百万字的书稿，从它的扉页、目录、序言、正文、注文、图表、插图和图注、附录及版权等内容，用各种字体、字号、行距、花边花饰分别设计成一页一页的版面，形成书籍，使全书的主次、体例、结构、层次得以分明与规范，工厂可生产，读者可阅读，这是技术设计首先要做到的。不可设想一本书的各级标题字体字号以及地位都没有明显的区别；目录、注文、图注及附录均与正文宋体字号相同；书的内容主次、体例层次等等都得让读者边读边猜想，哪里还谈得上书籍的实用性。所以，技术设计最根本的责任就是要做到版面技术语言的规范化。

版面还应根据不同内容的书和不同的读者对象，在风格或情趣上要有所区别。一本知识性的书，版面可以活泼些。一本经典性的书，版面就得庄重一点。一本图文并茂的科学专著，也不应由于图片插图造成的参差错落多而失掉风格的一致性。学术专著，老年读者居多，读这类书较严肃，常常是边读边思考，有时还要回头读，目速较慢，而一般趣味性知识性的书，青年读者居多，阅读时心情较轻松，目速较快，这两种不同情况，显然前者的版面须要有学术风度，版面要宽松些，标题字字体、地位均应取其大方端正，正文字应大一点，字的笔画可细一些，行距也要宽一点。后者的版面可以活泼一些，标题字或花饰可排得新颖美观些。可见，根据不同的书设计版面，风格或情趣自然会有所不同。

技术设计中的技术构思和技术手段只解决版面上的"理"，即实用和适应性。至于版面上要有"情"，即美观和欣赏性，还须要通过艺术构思和美术手法。以点、线、面的法则，运用对比、衬托、均衡、虚实、错落、参差的手法，处理好疏与密、高与低、黑与白、大与小等关系，从原先的工艺技术制约中创造美的旋律，使一页页的版面连续运动时有其节奏感。这样的版面，阅读者会感受到"设计"的魅力，从阅读中得到美的享受。

书有了物质工艺结构的装帧形式，又有载着文字内容的一页页版面，最后还要在形式上赋予艺术形象，这是装帧设计最后一项重要工作——美术设计。

美术设计是运用美术创作规律为书籍形式美作艺术加工，通过艺术构思确立装帧艺术风采，在包封、封面、书脊、封底、环衬、扉页、插页、篇章页等各部位，从书的整体需要规定它们之间的相互映托的关系，然后以美术创作方法，用形象、色彩、文字、纹饰按构图法则进行艺术形式的创造。一本书最先与读者照面的是封面，它应端正漂亮有精神，起到"见其面知其心"的作用，从书的封面艺术形式即知书的性质和内在的大概，因此封面是美术设计的主体工程。书脊是书的侧面，立在书架上起检索作用，书名、作者或出版社名应清晰醒目。环衬、扉页、插页等其他部位是围绕封面的主旋律起补充、衬映、联系的作用。

美术设计作为一项艺术创作,应该像其他艺术创作一样,需要深入生活了解生活。书是美术设计生活的对象,对书的一切必须深入了解,从它那里得到感受,产生一连串的想象;从一般的、本质的,到个别的、现象的,从灵魂和结构到形状和色彩,从复杂的逻辑思维和形象思维活动过程中确立鲜明的主题和丰富生动的艺术形象等。

有了"想法",产生了想象中的艺术形象,这就须要倾注感情把它塑造成可视的艺术形象,使它活起来感染人。美术设计如果没有熟练的艺术表现才能,那么塑造出来的形象就可能干瘪无力、缺乏生气。

美术设计的表现力,首先是设计表现。所谓设计,就不是按照原来自然界的现象,而是依主观意识运用"经营位置",将原来互不相关的各种形式要素——色彩、纹样、字体、具体的形象通过点线面、黑白灰、大与小、高与低、虚与实、强与弱、动与静、斜与正等关系,安排好位置,反复推敲比较,把想象中的艺术形式趋向理想化,这时设计的艺术格调高低也就在其中了。有些美术设计,只注意单一形象的塑造,虽然很有功夫也有艺术水平,但众多的形象(包括色彩)的位置都没有仔细地"经营",随便拼凑,成为一个支离破碎的形式,从"设计"水平来说是不成功的,设计格调也是低的。

还有这样的美术设计,整个形式的结构布局、一切位置安排得很有分寸,一眼看去是一个完整的设计,然而单一形象的塑造功力很不够,这样的设计就缺乏持久的吸引力,经不起细琢。所以美术设计必须还要有熟练的造型基本功，有写实和抽象的表现能力，有较深的色彩学知识和运用手段。

美术设计必须对书的内在精神和品格有较好的理解，对依赖物质和工艺手段有较深的认识，它不能像绘画那样自由地描述事物，而是在有限制的条件下，需要概括、提炼、典型化，以装饰手法表达象征。对于装饰艺术修养深浅这时就显得极为重要了。在装帧艺术中我们见到成功的优秀的美术设计，几乎都有明显的装饰性，很少见到是写实性的。

美术设计还要有高超的制作生产用的墨稿和彩绘稿的技术。一切设计都得经过排版、制版、印刷及装订工艺技术最终来反映设计的总体效果。

从上面讲的关于书籍装帧设计的各种概念和它的原则、内容、任务和目的，可以清楚地理解装帧设计的全部工作内容和性质。那些封面设计，版面设计，装订，印刷等等只不过是装帧设计中的一部分内容。因此提高装帧设计水平，还有赖于各个部分的共同提高，有赖于各方面的艺术修养和业务水平的提高。重要的是培养造就装帧设计人才，这是提高装帧设计水平的根本。

目前还有不少人并不认识装帧设计是一项思想性、艺术性、技术性很强的艺术创作工作，认为只是一般服务性的工作。也有人只重视装帧设计中的局部价值而忽视整体价值。也有人只重视实用价值而不重视审美价值。也有人只重视独立性而忽视从属性的重要。这些对装帧设计的片面性理解，极不利于书籍装帧设计水平的全面提高。

决定装帧艺术质量主要是靠装帧的整体设计水平，但从装帧艺术角度分析，设计水平也只是一个方面，还有物质水平和工艺水平两个方面，如果这两个方面水平很差，那么装帧艺术质量也随之而下降。

没有物质条件，设计的形象和形式也就无处依附，物质本身的质地、机理、性能、纹样、色彩等等都能产生视觉上和触觉上的感应，可以有美的细致的感觉，也可以有脏的粗糙的感觉，可以使人喜爱也可以使人厌恶，这是在我们生活中接触事物时对物质本身常常有的感情，装帧的物质也不例外。各种物质还有一个组合时的合理性问题，例如一本高档的图文并茂的美术专著，正文使用了普通纸，图片就印不出细腻的层次，彩色插页使用了一般胶版纸，那么彩图色彩就会灰暗无神，失掉作品艺术神采。相反，一本民间蜡染纹样资料书，却用了超级铜版纸，这同样损坏了作品原来的土拙美的艺术风貌。所以，物质本身质量及应用适当与否都是直接影响装帧艺术质量的一个因素。

制版、印刷、装订的工艺技术质量的高低是反映装帧艺术质量的另一个因素。分析工艺技术质量也是颇为复杂的，它有装备、材料、经验方面的问题，也有原设计稿件、物质材料等方面的问题。但就当前装帧质量来看，除了有上面两种原因外，更多的还是技术素质、人的主动创造性和责任心不够造成的低质量。我举一个非常有说服力的例子：1980年，安徽绩溪山下海峰厂印装《中国大百科全书·天文学》，当时该厂胶印设备从照相、拼版、晒版、打样和印刷都较陈旧，技术力量也较薄弱，但由于人的积极性、创造性和责任感强，终于印装出质量高的装帧，被评为全国印刷优质奖和版式设计奖。而 6 年后的今天，还是这个厂，从安徽搬到了上海，人员增多了，设备改善了，应该说经验也多了，可还是《中国大百科全书》的一卷，印装质量却下降了。这种情况并不是个别现象。原因是，这几年出书多了，印刷力紧张，出版社求印刷厂，不管装帧工艺质量如何，只要能承印就满足了。久而久之，工厂不注意装帧工艺质量也习以为常了，出版社也习惯了。这种状况不加纠正，怎能谈得上书籍装帧艺术质量呢？

书籍装帧艺术质量是由设计、物质和工艺三方面交织在一起的，一个方面质量降低，势必影响整体，因此必须三方面同时重视质量，互相配合，互相努力提高，才能有质量完美的书籍装帧艺术。

目前国际上检验书籍装帧艺术价值通常包括：造型，即开本是否与书籍内容及阅读条件相宜；纸张及装帧材料选择和应用是否恰当；制版印刷工艺是否精良；版面字体选择和格式是不是合理美观；图片和插图质量是否上品；装订技术是否精细；美术设计的艺术构思是否深刻，创造的形象、纹饰、字体构成的艺术形式是否新颖而有感染力。这七个方面构成书籍装帧艺术的基本要素。

《编辑与出版基础课程》
1984 年 7 月 1 日

装帧概论

(一) 装帧

"装帧"这个词,在书籍、期刊、画册等的出版工作中是经常被使用的,但对这个词的概念不一定人人都很清楚。过去和现在都有人认为装帧是指装订,或认为装帧是指封面设计,这些说法,不仅听见过,而且在文章上看到过。应该说,这些说法是不够确切的。装订和封面设计虽属装帧中不可少的一项内容,然而并不是装帧的全部含义。因此,以它们来代替装帧的概念,是对装帧一语的误解。装帧所包括的是整体内容,装订、封面设计只是局部内容。上述说法是不明白整体与局部相互之间的关系所产生的误解。

报刊或电视广播中有时宣传介绍某一出版物时说:"装帧精美""装帧讲究"或是"装帧豪华"。这里所说的"装帧"指的不是装订,也不是封面设计,而是出版物的整体。所谓出版物整体,是指已经把作家的手稿经过设计和加工形成了一个完整的具有阅读功能和品尝功能的物质具体形式,即书籍形式、期刊形式、画册形式等。正因为如此,也就产生了"书籍装帧""期刊装帧""画册装帧"这类专业术语。所以装帧的概念绝不是指单一的某项物质或技术,也不是指某一局部内容,而是指人们在从事书刊、画册生产实践中认识到的必要的物质材料与一切必要的工艺技术相互结合的活动意义，以及所反映出来的共同本质和特点，加以概括，形成概念。有了这个概念，就不难理解"装帧精美""装帧讲究"或是"装帧豪华"的真实意义了。

为什么先把装帧的概念讲清楚，并且作为"装帧概论"的第一部分内容，因为装帧概念不清楚，将对下面要阐述的装帧历史现象与装帧的工作内容、知识结构以及装帧的社会作用可能产生认识上的偏差或误解。

上面提到了书籍等出版物的阅读功能和品尝功能，所谓阅读功能和品尝功能，是指装帧所具有的使用价值和欣赏价值，也就是实用性和艺术性。那么怎样使装帧达到这个目的呢？那就得在装帧活动之前，先要进行装帧的全局规划，对装帧的各个部位、各个环节进行统一的整体设计，然后再有分部设计。没有统一设计，成不了和谐的整体，没有分部设计，成不了精美的整体。装帧设计工作者，不仅对装帧的本质和特点要清楚，更为重要的是通过自己的装帧设计工作去创造出一个和谐的精美的装帧整体。要做到这点，只有不断学习装帧整体的方方面面知识，不断从装帧整体设计实践中积累经验，其他的道路是没有的。关于装帧设计工作方面的各种问题，将在第三部分中论述。

（二）装帧的由来和装帧形式的演变

装帧何时产生，目前有两种说法：一种是以造纸术、印刷术出现时为标志；另一种是以人类开始记载文字的书为标志。这两种说法都有它们的理由，前者以书籍形式为标准，后者以书的最初形态为标准。

笔者从装帧的本质和特点出发来考察装帧的由来和发展。

在中国，现在还可以见到的人类记载象形文字的古老的历史实物是龟甲和兽骨。这些龟甲和兽骨距今 3400 多年了。我们祖先能够在 3400 多年前从自然界存在的物质材料中选择龟甲和兽骨作载体，并和刀"写"的文字组成书的形态。尽管形态粗陋，技艺简单，但它是人类文明史上的一个伟大创举。从先人选择物质材料和刀"写"技艺结合这个过程看，龟甲、兽骨书已经具有原始的装帧活动的迹象。所以，装帧的由来从龟甲和兽骨书出现的说法也是符合情理的。

中国的文字形成经历了漫长的发展过程。从符号、形象图案到甲骨文字已经历了 2000 年。用甲骨文字写的卜辞已有了词汇和文法。所以把载着甲骨文字的龟甲和兽骨称为书，因为它还没有具备积字成句、积字成章、成篇的书籍的主要特征。龟甲和兽骨书只是有了装帧活动的最初原始的迹象，有目的的装帧活动只有到了最初的书籍产生时才有可能伴随而出现。

从龟甲、兽骨书起直至造纸术印刷术出现为止，这段时期在中国还有用铜、石、铁、金、陶等这一类硬质材料作载体的书。把书写好的文字经过炼、铸、刻、烧、雕等技术加工后制成了具有书的功能的不同形态的书。这些书，体积大，分量重，可携带性差，阅读时还受环境条件的限制，极不方便。从它们的形式上看，也只能属于原始装帧范畴。

在青铜书出现的同时出现了竹简、木牍，不久又出现了縑帛书，从文献记载上得知当时竹木简册和帛书并不普遍流行，直至东周末战国初期竹、木简册才开始盛行。竹、木是自然界容易得到的材料，经过人们按某种要求进行的刀削加工成简，每简上写上文字，将简按顺序排列用编缀工艺把简串连成册，简册书比先前的其他硬质书体积小、分量轻、可携带性好，并且可以自由舒展阅读，不用时可以卷成卷状，便于携带和收藏。从众多出土的竹、木简册上的文字结构来看，它已具有成句、成章和成篇的特色，是将文字记载的素材有目的地进行编纂，形成了书籍的雏形。再就竹、木简册用的两三种材料和工艺结合过程看，制作活动已经有一定的流程和规范的要求，形成后具有良好的阅读功能和便于流通、存放的作用。竹、木简册可以说是书籍最初的装帧形式。竹、木简册装帧的出现，在我国装帧史上是一个重大贡献，它从原先的那种原始制作法，向自由意志制作的方法转化，历史也证明了它对后来的软质书的装帧提供了有益的启示。

纵观这一时期的硬质书的装帧形式以及最初书籍的装帧形式，其形态还较粗陋，反映了当时社会生产力的低下和审美意识的蒙昧，装帧作为艺术仅处于萌芽阶段。

社会生产力的发展，科学技术的进步，审美意识的提高，这是促进书籍装帧发展的重要条件。造纸术、印刷术在中国出现以后，书籍装帧就发生了质的变化，从根本上改变了单一材料与简单工艺结合的硬质书的原始装帧模式，代以综合材料与复杂工艺结合的软质书的古代书籍装帧的诞生。经过一段漫长时期探索，终于创造出册页书籍的装帧形式，这是对人类文明史上作出的又一伟大贡献。

册页装帧是经历了卷轴装、旋风装、经折装、蝴蝶装、包背装和穿线装等装帧的演变而日益完善的。在当时，这几种装帧形式并不是都是后一种取代前一种，而是多种形式并存的，只不过有时某种形式占优势而已。这几种形式在社会上的兴衰时期也各不相同，例如蝴蝶装和穿线装装帧延至今日还在某些出版物上使用。

卷轴装的装帧出现不是偶然的，它明显地受竹、木简装帧形式的影响。不过卷轴装采用了纸或缣帛这类软质材料，经过裱装工艺，并在卷尾配置上木质轴，增加了舒展时的灵活性，成为较轻便的卷式装帧整体。卷轴装的装帧提高了阅读功能上的实用性，同时也着重装帧的美化工作，在选择装帧材料的质地和色彩方面，以及运用裱糊、雕刻、镶嵌、裁切、装置和印刷方面，都非常注意艺术性。由此我们不难看出，从事装帧工作的先辈们已经注意到装帧整体设计工作对创造装帧艺术的重要作用。

旋风装与经折装的装帧，显然是受卷轴装舒展后阅读时所呈现的平面效果的启示，创造了平面折叠式的装帧。这种装帧的书籍在阅读时以片页式翻动，如要观全貌又可整书打开，仍与卷轴装的整页效果相同。经折装在书籍装帧史上最大的成就是改变了原先卷式装帧为平面式装帧，这种装帧在使用上已经具有片页功能，因此，册页书籍装帧的诞生无疑是受经折装片页功能的影响，与之有一定的联系。

蝴蝶装书籍的出现，一是与当时雕版印刷的幅面有关系；二是受经折装的片页功能的影响。蝴蝶装是将每一印刷页作为一个单元，向内对折，文字版心在内居中，版口在外左右两侧，然后把众多单元按顺序平叠起来，在两个印刷页的外口处背对背粘住，在印刷页的中缝折背处连同书衣（即封面、书脊、封底）的脊背一起粘住，成为蝴蝶装装帧形式。所谓蝴蝶装，是指印刷页居中对折，文字部分成为左右对称的两页，打开阅读时形似蝴蝶两翅，故俗称蝴蝶装。蝴蝶装保持了经折装的片页翻阅功能，但经过裱装工艺的改进，消除了经折装的整页打开的功能，形成了册页书籍的雏形，它在古代装帧形式变迁中起到了册页书籍装帧的先导作用。

包背装、穿线装的装帧出现，是因为蝴蝶装在翻阅使用中常常产生白页，阅读时增加麻烦，于是启发改进的行为，将印刷页翻折，文字面向外，空白面向内，装订方法也相反，将文字版心折缝向外口，版口向内，在离版口处留出半寸左右作书脑，打几个眼用纸捻锁住，然后包上书衣，在书衣脊背处与印刷页版口处一起粘住，成为包背装装帧形式。穿线装的装帧又是在包背装的装帧基础上进一步的发展。穿线装的装帧成就在于将以往的裱、糊装的工艺变为凿孔穿线的装订工艺，使书籍增强了牢固度和使用寿命。包背装和穿线装的另一成就是将硬封面改变为软封面，可以自由地拿在手中阅读。"一卷在手"无论人们是坐着阅读、躺着阅读或是走动阅读都是极为方便的,使书籍更贴近社会生活习惯。为使线装书便于存放书架和携带,在装帧方面又添加了用硬质纸作函套,这种函套一般都是四合套,个别讲究的用六合套。四合套是将书的天头地脚两端空着,这样便于露出书根上印的字,容易识别寻找,提高了实用性。另一方面函套美化了装帧形式,增添了书籍的艺术性。线装书的出现,是中国古代装帧技艺成熟的表现,所以它能够长期被后世人作为装帧的典范保留下来。

自从纸张和印刷术发明后,这一时期装帧形式和工艺技术上取得的成就,是很显著的。同时我们也不难看出装帧设计的作用是不可抹杀的。先辈们在装帧设计上的精心研究和改进,探索和创造,始终着重在提高阅读功能和使用的实用性、提高美化装帧的欣赏性这两方面,正是这两方面水平的提高,装帧艺术已从萌芽阶段迈进到创造阶段。并且形成了一定的装帧体例和制度以及审美原则。

从卷轴装到穿线装,无论在物质材料的选择,印刷装订工艺技术的应用,装帧自身流程的确立,还是在文字编排和装饰纹样及插图的配合,实用性与艺术性的结合等方面,都经过了一番严格的设计过程。公元 868 年印制的《金刚经》及其他卷轴装的书籍装帧,在运用材料质感、色彩、文字刻写、手工雕饰、雕版插图等设计方面,都很用心,形成了较典雅的装帧艺术风貌。以后,在《九天应元雷声普化天尊玉枢经》的装帧上,进一步形成了和谐统一的富有装饰性的装帧艺术整体,表现出设计的周密性和审美意识的自觉性。到明清，书籍装帧设计又有进一步发展，像明朝的《永乐大典》，开本大，封面和内文设计很有气魄，色彩辉煌，体现出典雅庄重的艺术风采，与当时推翻元朝统治建立明帝国后文治武功并举所反映的那种雄伟庄严的民族精神是一致的。就那时的一般包背装和穿线装书籍来说，在印装工艺技术上也都很精致端正，在函套、封面、题签、扉页、正文版面等的设计上也很讲究，装帧艺术风貌始终不失古雅大方，庄重朴素，体现了我国古代装帧艺术特色。

中国古籍向来崇尚"雅致"，认为不能"取一时之华苟且从事"，还认为"装订书籍，不在华美饰观，而要护帙有道，款式古雅，厚薄得宜，精致端正，方为第一"（《藏书纪要》孙庆增著），表达了书籍装帧的审美原则。

在造纸术印刷术传入欧洲和世界各地后，书籍形态在世界范围内发生了变革。在欧洲诞生的铅活字印刷和造纸、装订等一系列新技术，促使书籍形态发生划时代的变化，并为近代、现代装帧设计提供了物质和工艺技术条件。装帧作为艺术由此被世人共识，约在二百年前，欧洲首先开始将装帧设计列为独立的艺术体系，建立了专门学院和研究机构。这样欧洲的装帧设计水平和装帧印装水平一时位居世界之首，这种装帧上的成就推动了世界各国装帧进一步发展。

在中国，19世纪中叶，由于欧洲的机械印刷的传入，近代书籍装帧开始萌生，原先单面手工印刷的书籍逐渐改为双面机械印刷，并根据书籍的厚薄不同，采用铁丝骑缝订、平订、锁线订等装订方法，在装帧形式上除了软封面平装还采用欧洲流行的硬封面精装形式,当时的软封面平装形式与包背装相似,只是开本与装订方法有较大的改变,这是西洋纸张规格和装订技术所导致的。至 20 世纪初,在"西学"的兴起下,书籍品种迅速增多,各种期刊如雨后春笋地出版,画册画报也相继崛起,一时掀起了出版热的浪潮。为了适应这些出版物的阅读方式和装帧形式变革的需要,印刷界纷纷引进铅印、石印和胶印技术及现代印刷装订设备,还大量输入各种西洋纸张,为发展现代书籍装帧准备了物质材料和先进技术,书籍、期刊杂志以及画册等出版物的装帧设计也由此多样化,封面和正文版面除了一部分仍保持原先的简朴大方的风貌外,大量采用美术字、图案花饰、装饰画、版画、漫画和中国画等形式,在汲取民族和借鉴西洋的基础上创造了中西文化交融和机械印刷特色的现代装帧艺术。以后鲁迅与一批美术家开始参与现代装帧设计工作,其中不少美术家成了著名的职业装帧艺术家。当时现代装帧艺术还只是处在开创时期,但已结出累累硕果,给现代装帧艺术的发展提供了宝贵的经验。

中华人民共和国成立后,原先中国传统的装帧形式,渐渐作为艺术珍品保留下来,而世界上广泛应用的书籍、期刊、画册等装帧形式成为主流。从设计到材料和印装工艺基本上已靠拢国际轨迹,只是民族审美意识和装帧技艺水平与国际上有所差异。书刊装帧设计工作在党的领导和政府关怀下,在许多著名美术家的支持和参与下,经全国几千位装帧设计专门家的艰辛耕耘、不断探索、努力创造,

40多年来已经取得了丰硕成果，形成了以东方风韵与西方表象结合为特色的多种流派和风格融合的现代中国装帧艺术，不少装帧艺术作品在世界评比中获奖，赢得声誉。现在全国若干所艺术院校设立了培养装帧设计人才的系和专业，中央和地区还成立了群众性装帧艺术研究组织，国家、地区和群众团体经常开展各种类型的装帧艺术展览和评奖活动，全国已建立了一支近5000人的书刊装帧设计专业队伍，并造就了一大批有才华的中青年装帧设计家。所有这些，无疑是推动现代中国装帧艺术进一步发展和走向更成熟阶段的积极因素。

　　从装帧的历史来看，大致可划分为三个阶段：第一阶段是公元前14世纪至公元1世纪，这一阶段是从无意识渐渐转向有意识产生的原始装帧；第二阶段是从造纸术印刷术出现到19世纪初，这个阶段是从有意识进化到自由意志创造的古代装帧；第三阶段是从19世纪中叶至现在，这个阶段是民族意识、时代意识和国际意识结合的现代装帧。装帧的发展也可从另一条线来观察：起初只是单一物质与简单工艺结合；其后是装帧材料与印装工艺结合；再后是综合材料与先进印装技术结合。装帧材料和印装工艺的改进，固然对装帧的发展和提高起作用，但装帧设计对书刊的阅读、使用、保存和流通的实用功能的改进和完善所起的作用更大，特别是对书刊装帧的美化，欣赏的艺术功能的提高和创新起的决定性作用。由此看来，提高装帧整体艺术水平，关键是重视和提高装帧整体设计水平。

（三）装帧设计工作

出版社、期刊社的工作，最终是为了出版书籍、期刊、画册等供社会上广大读者阅读使用。要出书、出刊物和画册，首先要有稿件，编辑部就是负责稿件的工作，从选题、组稿到编辑加工，最后审定发稿，其间作者同编辑耗费了许多宝贵的时间和心血，都是为了能够出版一本内容好、水平高的书籍或刊物或画册。书、刊、画册不仅需要内容好，还需要形式美。形式是指装帧，只有将内容与形式结合成为一个和谐的完美的装帧艺术整体，才能为广大读者所喜爱和珍藏。出版社、期刊社搞装帧工作的技术编辑、美术编辑，主要的任务，就是去完成书、刊、画册的装帧艺术整体。这就要不断学习和实践，去熟悉掌握装帧设计的方方面面的知识，还要培养自己具有较高的审美能力和高超的设计本领。

装帧设计，从设计的特征说，它是美学与科学、美术与技术相结合的一项复杂的创造性的工作。它能满足人们视觉上的审美要求和使用上的科学要求。它是为生产服务的，因此必然有受生产技术制约的一面；它又是组合生产的依据，因此又有推动生产技术进步的一面。设计是有前提的、有对象的，因此，设计工作有它的从属性，但设计工作又是可以自由创造、可供欣赏的艺术形式，因此它又有一定的独立性。正是因为装帧设计也同样具有这些特征，装帧设计才成为一门专业艺术学科存在。

装帧设计包含着工艺、技术、美术三个方面内容：在工艺设计方面，主要是解决装帧形式的物质材料和工艺技术上的一些基本问题，例如，开本、用纸、装帧材料，制版、印刷、装订工艺等；在技术设计方面，主要是解决原稿转变为书籍或期刊的版面形式的问题，例如，文字、公式、表格、插图和注释文等；在美术设计方面，主要是解决装帧形式上的审美问题，例如，包封、封面、书脊、环衬、扉页、插图等。这三方面设计都有各自不同的规律和方法，装帧设计把它们协调起来成为一个和谐的整体。所以我们把装帧设计又叫做装帧整体设计。

一本书、一本刊物，装帧完整不完整，关键在于有没有进行过整体设计。有些书从开本和装帧形式就觉得它的体型很美，封面设计艺术性强，构图新颖夺目，版面设计清晰悦目，纸张和装帧材料选择适当，印刷装订工艺精美。这样的书，拿在手上，感到一切配合得那样贴切，那样恰如其分，十分完整可爱。这是设计者在整体设计上花了一番工夫的成果。期刊也是如此，期刊封面设计、形式和色彩新颖醒目，并且以一定的艺术语言含蓄地表达了期刊内容的特征，又在目次、评论、文章、信息介绍、动态、资料以及插图等各种版面设计层次分明，格式有变化，而且整本刊物格调一致，再是纸张选得合适，印刷装订方法对路，这样的期刊，同样是在整体上有过一番精心的设计。也有这样的书，开本和装帧形式选得不当，缺乏美的比例，即使封面设计还不错，也掩盖不住丑的体型。正文版面设计得密不透气，层次不分明，再是纸质差与装帧材料搭配不当，印刷质量差，文字花糊，装订质量不好，这样的书或刊物拿在手上、放在书架上

装帧概论

都没有美感，引不起读书兴趣，这是没有从整体效果考虑的结果，可见有没有经过整体设计效果是不大一样的。

装帧设计首先要确立整体设计思想，必须对装帧的从属性和独立性之间的问题进行思考，对工艺、技术、美术三个方面设计内容进行综合思考，对装帧的整体和局部之间的问题进行思考，对可能发生的各种矛盾和解决方法也要思考。只有经过各方面的逻辑思维和形象思维的交叉活动，又经过反复比较，在思想上比较明确了整体形象的大概风貌和气质，各局部与整体之间的适得其位，体现了书刊性质和特征，适应阅读要求和生产组合基本合理等等，才能把思想上确定下来的整体设想，写成文字材料作为整体设计方案，指导具体设计和组织生产的依据。

装帧整体设计方案既是出版社或期刊社对出版物的社会价值观的体现，它又是反映出版社或期刊社的思想水平、学术水平、政策水平和业务水平的一个方面，因此确立一些重要出版物的整体设计方案必须慎重，必要时应同出版单位领导人和有关部门的负责人一起研究确定。

装帧整体设计方案一般总是首先解决的是工艺设计的具体内容，也是给技术设计和美术设计者提供需要的工艺条件。对于技术设计和美术设计者的工作只是提出一些要求和原则意见，大量的具体设计工作还得由各自分别去完成。

技术设计者的工作，首先是仔细查阅书稿或期刊稿子，弄清楚它的性质、体例、结构层次和篇幅等，对版面格式先有个基本设想：版心的大小，行数和字数，分栏形式，标题与正文的字体字号，公式与表格的格式，插图和图注的安排等等。然后将一部几万或几十万字的稿子，或者几十篇稿子，用技术语言进行批注设计，确定各种字体字号、花边花饰、间隔空白、插图缩比尺寸，必要时还得画出版面样子，从扉页、目录（次）、正文和附录文字用技术设计语言将书稿的体例、结构层次等交代清楚，使编排格式符合规范，工厂能生产，读者可阅读，这是技术设计者首先要做到的工作。设计版面还应该根据不同性质的书或期刊，不同读者对象，在风格或情趣上有所区别。一本知识性、趣味性的书或科普性期刊，版面应活泼些；一本学术性或技术性书刊，版面可庄重大方一点。学术性专著的书刊，专业（中老年）读者居多，阅读这类书刊常常是边阅读、边思考，有时还要回头阅读，目速也较慢；一般知识性趣味性的书刊，一般（青年）读者居多，阅读时心情较轻松，目速较快。这是两种不同的情况。显然前者的版面应有学术风度，版面要宽松些，标题字字体、地位均应取其端正大方，正文字大一些；后者的版面可通俗化，标题字体、花饰均可活泼些。书刊的性质不同，进行技术设计时，对于版面的风格和情趣的处理，也应该有所不同。

　　技术设计中的技术构思和技术手段只解决版面上的"理"，即实用和适应性。至于版面上的"情"，即美观和欣赏性，还需要通过艺术构思和美术手法来解决，必须按照点、线、面的法则，应用对比、衬托、均衡、虚实、错落、参差、疏密、黑白灰等关系，从原先受工艺技术制约中创造美的旋律和节奏，使一页页的版面既有统一的风貌，又有变化的韵味，有理，又有情，这样的版面，阅读者会感受到"设计"的魅力。

书刊有了物质工艺结构的装帧形式，又有文字内容的一页页的版面，还需要有装帧形式上的艺术形象，这是装帧设计者最后一项重要工作——美术设计工作。

美术设计工作，无论是书或期刊，首先设计好封面艺术形象，一本书或期刊最先与读者照面的总是封面，封面应端正、漂亮、有精神，使人"一见钟情"，起到"见其面知其心"的作用，还要百看不厌。书脊是书立在书架上起查检作用的，因此必须让书名、作者、卷次、出版单位名称清晰醒目。环衬、扉页、插页等是围绕封面艺术风格起补充、衬映、加强、引申等联结作用的。

美术设计作为一项艺术创作，应该像其他艺术创作一样，须深入生活、熟悉生活，从社会生活中观察、积累形象和形式，从自然界中启迪色彩感情，将生活中得来的丰富多彩的资源储备在记忆库中，日后在设计构思和构图时产生发酵作用。作为装帧美术设计者，还必须对书刊内在精神的品格和特色有较深了解，从它那里得到感受，启动想象力，经过逻辑思维和形象思维的反复活动，捕捉住出现的鲜明主题和寓意性的或象征性的那些形式和形象，然后把它塑造成可视的艺术形式或艺术形象，使它生动起来，具有感染人的力量。为了达到这个目的，美术设计者还必须有熟练的设计表现才能，依照主观意识"经营位置"，调动各种形式要素——色彩、纹样、文字、形象等，通过点线面、黑白灰、虚实、强弱等美术法则，以装饰手法给予典型化、象征化或寓意化，把整个艺术形式趋向理想化。

美术设计者除了有塑造艺术形象和设计表现才能，还要有高超的制作生产用的墨稿和彩绘稿的精湛技术。一切设计都得通过排版、制版、印刷及装订工艺技术来反映出最终的设计总效果。

装帧作为一种艺术，首先要看装帧整体设计的艺术水平，但从装帧艺术（成型后的具体书籍或刊物的整体）角度分析，设计艺术水平也只是一个方面，还有装帧的物质质量水平和印刷装订的工艺水平两个方面，如果这两个方面的水平不高，那么仍然创造不出高质量的装帧艺术品。

关于装帧设计工作，笔者曾提到"设计特征""设计思想""设计原则"和"设计内容"等诸问题，现在可以清楚地理解装帧设计确是一项复杂的脑力劳动和艰辛的艺术创作工作。不像有人说的"装帧设计很容易，涂块颜色写上几个字而已"，也有人说"装帧设计没有什么了不起""没有多大学问"。这是人们对装帧设计工作的误解和偏见，装帧设计工作者不要轻看自己的工作，一定要自爱、自尊，发奋成为一个称职的有才能的装帧艺术专家。

（四）装帧艺术的社会作用

做任何工作，都是为了社会需要，因而就有个社会作用的问题，工作做得好与不好，作用也就不同。装帧设计工作者，应当看重这个问题，尽力使自己的工作做到贴近社会意识和生活习惯，发挥较好的社会作用。

　　装帧是书刊的精神内容的物质形态，装帧设计者不仅要使物质形态达到合理性，而且还要赋予艺术面貌。书籍的精神内容是通过物质形态的艺术面貌在社会上传递信息的。一般讲，在传递信息时装帧艺术即起着宣传教育的作用。装帧艺术的群体，在社会环境中不仅美化社会环境，还时时刻刻地与人们交流着审美意识的信息，具有审美教育的意义。一部完美的装帧艺术品，如果它已经蕴藏着反映精神内容特征的象征语言，又有很美的艺术感染力，就会得到人们的青睐，受它的感化，激起求知的欲望，于是连同精神内容一起带回家细细品尝，这种例子是很多的。由此看出，做好装帧设计工作可以促进书籍或期刊在社会上加快流通，使人们及时获得需要的各种知识，这种无声无息的社会作用，显然有利于社会建设和社会发展，所以我们不应小看装帧设计工作，要当好传播知识的第一位媒介人。

　　还有大量的书籍、期刊的封面艺术形式或艺术形象所蕴涵的思想、哲理、道德等寓意，一旦被人们在审美过程中所悟知，这种启迪性的潜移默化作用，都可以说是装帧艺术在社会中的教育作用。装帧不仅仅在整体艺术风貌和封面艺术形象方面起社会作用，就其他方面讲也都有不同程度的社会作用。例如，科技书籍和期刊的版面设计，因为版面上的表格、公式、插图、注释等知识信息较多，它们在与正文内的知识信息之间的位置上的配合问题，在技术设计上是很有学问的。一种是经过深思熟虑后用一条最理想的轨迹将知识信息之间联系起来，使读者阅读时的视线流顺而又舒适，心理状态就会平衡愉悦；另一种是没有经过精心思考，位置配合不当，知识信息之间的联系轨迹梗阻不通，阅读时东寻西觅，使本来可以连接的视线时断时续，就会造成心理失衡，情绪烦躁，影响求知兴趣。可见，一块小小的版面，也会由于技术设计语言得当与否，产生不同的社会影响。

再有，书刊装帧物质材料的选配与印刷装订工艺技术的水平，同样会产生不同的情况：有的是既做到实用方便，又精细端正；有的则既不实用方便，又粗糙丑陋；有的技术质量好，促使书刊延年益寿，有的则使书刊夭折短命。这两种情况经常可以碰到，怎能不引起社会上的反响呢？所以，装帧工作中任何一项工作做得好与不好都会在社会上产生影响的。

笔者将装帧、装帧设计、装帧艺术对社会意识和生活习惯之间的关系归纳为装帧艺术的社会作用，放在"装帧概论"的最后部分来论述，其意义和目的是清楚的，就是希望装帧设计工作者树立起社会责任感，做一个有崇高理想的装帧艺术专家。

《科学技术期刊编辑教程》
1995 年 9 月

关于创办《中国装帧》杂志的设想

伴随我国出版事业发展的步伐,以及社会文化的迅速开展,装帧的作用和价值日益广泛地为社会认同,设计质量有了明显提高,设计队伍不断扩大,理论研究也得以初步展开,新科技,新材料,新工艺的出现,正在全方位地影响装帧工作的前景。而同这一发展进程不相协调的是,一直还未能办成一种反映我国装帧发展水平,足以对全国装帧工作和设计质量产生影响的专业性杂志。近几个月来,装帧界一些同志,每当议及于此,大家都盼望能早日见到自己专业的杂志,并且认为目前创办,条件是具备的,时机也是适宜的,只是付诸实施的关键在于,取得有眼力和热心的出版家的支持,有一家地位和实力相称的出版社作为依托。

为了促成这一期望的实现,我愿向出版社提出以下初步意见,作为思考线索。

(一)办刊宗旨和内容安排

刊物名不取学科的第二层系名称,如"装帧设计""书籍艺术""图书设计"等,可暂定为《中国装帧》。大16开,每期64面,4个印张(彩图16面,1个印张,文字篇幅与黑白插图48面,3个印张)。先按季刊试办,日后有条件远度为双月刊。

根据我国装帧发展的实际需要，《中国装帧》的办刊宗旨应确定为指导全国装帧设计工作，培养和提高设计队伍，促进装帧材料和印装工艺质量的提高。全面推进我国装帧艺术创作的发展和装帧理论的建设。

内容安排体现以下基本原则。

（1）广泛性。全面顾及装帧的各个环节（设计、材料、工艺）以及书籍、画册、杂志、报纸、本册、证书及宣传品等的不同设计特点和要求，同时向实用美术、平面设计、电脑设计的相关理论与实际作必要的延伸，避免把刊物内容和读者对象局限在书籍的封面和插图的狭窄范围内。

（2）导向性。重视对设计思想和基本理论的研讨，使设计工作处于正确观念和理论指导之下，并为促成中国装帧艺术的理论体系进一步奠定基础。提倡中国装帧史的研究，特别是新中国建立后的现代史研究和论述。

（3）开放性。对内，提倡百花齐放，百家争鸣方针，传统学术观点，现代新观念，只要言之有理，展开学术上的自由讨论。各种流派的出现，应以热情对待，给予相应的推荐和介绍；对外，首先将《中国装帧》与英、美、德、日等国的装帧艺术团体交换同类资料，在刊物上以相当篇幅翻译介绍国外信息（动态、资料、学术论文）帮助读者识别我国水平同国际水平之间的差距，提倡学习和借鉴国外先进成就和经验。

（4）实用性。各类文章，无论理论研究，技法阐述，都要体现装帧的实用美术特点，装帧的思想性、艺术性、技术性都是离不开实用的基础。要防止冗长，空泛的议论。

（5）敏感性。对新思路、新手段、新工艺、新材料、新创意、新人才等出现，必须要保持敏感，作适度介绍，使读者感觉到装帧方面的人、事、物始终处于朝气、进步、开拓的趋势，鼓励装帧界敬业、拼搏、创造的精神。

（二）刊物的领导和工作机构

《中国装帧》在本刊编委会领导下开展工作。

编委会应由装帧界卓有成就的有威望的，热心于装帧事业的代表人士组成（防止形成一地区、一部分人的小圈子），编委主任副主任可由编委会选举产生。

为了广泛团结和依靠出版界、印刷界、装帧界、学术界资深人士，可考虑组成专家指导委员会（或谓顾问委员会）。

编委会下设主编、副主编主持刊物编辑工作。主编、副主编、编务三人，负责、组稿、编稿、保管稿件、来往信件和一切资料，主编负责按期向出版社提交齐、清、定（包括设计）稿件。出版、印制，发行工作由出版社安排。

每期稿子定稿后的编目，重点文章应主动争取北京地区的编委和专家的意见后发稿。

主编、副主编、执行主编或执行编辑均由北京地区人员担任，各地编委协助刊物在当地推动组稿工作和审稿工作。

（三）经费及发行前景预测

《中国装帧》因限于读者面，难以期望赚多少钱，但是可以做到不赔钱。只要努力办好刊物的质量，拓宽财源渠道，做好发行工作，增加印数，还是可以做到经济效益和社会效益双收。

粗略估算，每期以3000册印数计，每册正文纸70克双胶纸3印张，合9.5令，彩图128克铜版纸1印张，合3.2令，封面180克铜版纸合1令。材料费约计6000元；电脑排版16开48面，彩图电脑版面设计及制版16面，封面、封二、三、封底4面，排版与制版费合计19000元；印刷单色9令半，四色4令，合计2480元；3000册64面平装装订费计1500元；校对60000字，一、二、三校费500元；文稿、图片稿稿费合计5000元；编审费2000元；编辑部办公开支（每期）500元；总计约37000元。假定售价16元1册。

根据从业人员数量的估测，出版社装帧设计（包括技术设计）人员在职和退离的约2000人，刊物杂志设计人员不下七八千人，报纸设计人员也有近千人，广告设计和其他实用美术设计、平面设计人员大约也有三四千人，美术学院、学校、中专的师生，以及业余美术装饰设计爱好者等，读者群还是可观的，从全国还没有一本同类专业刊物的基本状况推测，搞好刊物编校质量，内容宽而新，以后达到5000册发行量，并非无此可能。

考虑盈亏的另一个重要因素，争取有关企业的资助，例如纸张、装帧材料专业公司，电脑和印刷专业公司。

（四）创办工作顺序

一、六月中旬，邀请少数热心装帧工作人士（10 名左右）座谈会，讨论办刊论证意见；二、提名筹组编委会，六月中旬征求意见；七月上旬确定编委会名单和主编、副主编人选；三、七月至九月筹组试刊号稿件，十月份出试刊号；四、七月以后出版社应准备材料报上级申请刊号。

编委会人选除北京地区外，应考虑各地区代表人选，例如上海、天津、南京、山东、沈阳、湖南、四川、西安等，地方编委尽可能协助开拓稿源，提供地方动态，还可以担任某类专题稿件的执行主编任务，团结和发动地方人员的积极力量，是办好刊物的一个重要因素。

1997 年 5 月 28 日

装帧设计断想

　　书籍大都有阅读和品赏功能，这是书籍要体现实用性和艺术性的基础。要想使实用性和艺术性发挥得更好，就得在开始装帧之前，先对各个侧面进行全局思考，对各个部门作分部考虑。全局思考追求合理的装帧整体，分部考虑追求精美的装帧整体。于是就需要装帧设计，需要装帧设计专家。

　　装帧设计是一种特殊的创造性劳动，它有自身的特点。一般来说，在构思时尽力拓宽想象力，放纵不羁、无拘无束地在逻辑思维和形象思维之间驰骋；在创作时要集中精力下工夫，满腔热情地塑造形象或形式。当设计方案初步形成后，还需要多方权衡、反复推敲，以至横加挑剔地进行修改。设计艺术贵在以少胜多、以虚带实，删去琐言赘语，突出精华，留出余地，让观者启动联想。装帧设计的落点在设计。设计是美学和科学，美术和技术相结合的一种复杂的创造性工作。设计是为生产服务，因此，有受生产技术制约的一面；设计是组合生产的依据，因此，又有推动生产技术进步的一面。设计是有对象、有目的的，因此有从属性的一面；设计是可以自由创造可供欣赏的艺术形式，因此又有独立性的一面。设计是为了满足人们视觉上的审美需要和使用上的实际需要，因此，必须体现艺术价值和使用价值。装帧设计同样具有这些设计的特征，所以它是设计的一个专业门类。

装帧设计包含工艺、技术、美术三个方面的内容：工艺设计，是处理装帧形式的物质材料结构和工艺技术利用的问题；技术设计，是处理原稿转换成书籍版面形式的问题；美术设计，是处理装帧形式上的审美问题。装帧设计是把这三个方面协调起来，按照经济、实用、美观三原则，形成统一的和谐的装帧整体。

（一）

装帧设计有一个目的，就是把作者和读者联结起来，把书的内在精神、品格和特色通过设计形式反映给读者，让寻求各种知识的读者在书的世界中找到自己需要的东西。书籍装帧设计中的形象或形式，即使是抽象的，也不应失真。真就是理，要通情合理，但又要用虚、简来表现，虚、简就是转化和提炼了的真。这样的真就是典型性、概括性，然后赋予艺术形象或形式以美感。只有同时具有这二者的特点并且使二者相互结合的书籍装帧设计，才既有书的特性——装帧的从属性，又有艺术的共性——装帧的独立性。装帧设计的抽象与意象在虚与不虚，似与不似中见情理。因此，常借助于减法。正是这样的形象与形式美，才能诱导读者审美兴趣的迂回，领悟设计构思的巧妙，感受书籍内容的品位。

有些书稿，对装帧设计来讲，如果不深入思考，不动用形象思维的功能，是很难构想出形象或形式的。但是，一位善于运用形象思维的设计家，他能够感觉出形象或形式，这种形象或形式，大多属于意识形象或形式。书籍装帧艺术上的形式美，不论是朴素的和华丽的，都是形式美研究的对象，朴素的容易流于平庸，华丽的也可能流于庸俗。因此，朴素的和华丽的，都需要主题的提炼，需要巧妙的构思，需要精致的设计，需要高尚的品位。

　　书籍装帧设计需要艺术（性）和象征（性）。艺术有感人魅力，象征中有深刻含义。含义通过艺术魅力才能诱导悟知，艺术中包藏象征含义才能有助于审美。书籍装帧设计的艺术性，要与书籍本身的品位相结合，设计艺术才有生命，才能发挥出对书籍的导读作用。

　　书籍内容和形式的高下，对于人们生活、思想、感情的影响是很大的，因此，书籍装帧设计必须把书籍形式塑造得完美精致，以美、真、雅感人。艺术效果对人的精神世界的影响是看不见的，是潜移默化的。书籍的形式和内容统一的问题，只不过是形式和内容在某种程度上的联系而已，是以外在的现象去暗示所表现的内在意义。因此，书籍装帧设计属于象征型艺术。

　　随着科技的发展，人们的意识观念越来越丰富、复杂。设计家须寻求某种新的艺术手段，才能恰如其分地表现出这种丰富、复杂的意识所产生的形象或形式，寻求新的艺术语言来适应人们不断增进的新的审美需要。

（二）

　　有了装帧设计的方案和图纸，还不算是装帧艺术，只有当方案上、图纸上的设想通过印装工人的生产实践活动，成为装帧具象——书籍实体的时候，这才谈得上"书籍装帧艺术"。进一步讲，首先是装帧设计家的艺术修养、美术手段、业务知识和聪明才智凝结在设计方案上和图纸上，这是最根本的；然后，还需要经过印装工人熟练的工艺技术，体现出设计家所预想的艺术效果。两者缺一都不可能成为书籍装帧艺术。

　　书籍装帧设计中的技术设计是一项重要的工作，也是书籍形式的主要内容。一部书稿转换成书籍版面格式，首先要运用技术语言将书稿的体例、结构、层次等交代清楚，使版面编排格式符合规范，使工厂能生产，读者可阅读。同时，还要根据不同类别、性质的书，不同的读者对象，在版面格式上有所差别。但技术手段只解决版面上的"理"，即实用和适应性，至于版面上的"情"，即美观和欣赏性，还需要通过艺术构思和美术手法来解决，按照点、线、面的法则，应用对比、衬托、均衡、虚实、错落、参差、疏密、黑白灰等关系，从手工艺技术制约中创造美的旋律和节奏，使一页页的版面既有统一的风貌，又有变化的韵味，有"理"又有"情"。这是书籍技术设计力求达到的境界。

　　科技书籍、期刊的版面上表格、公式、插图、注释等知识信息较多，与正文中的知识信息配合密切，因此，版面的技术设计要比社科类书刊更讲究、更有学问。如何将这些分散的用不同形式表达的知识信息较合理地有机地串联起来，使它们成为有序的系统化知识，这就要看技术设计家的才能、经验和工作作风了。一种是经过深思熟虑，选择一条最理想的轨迹，将知识信息之间的关系在最近的视角内联系着，使读者阅读正文时与其他相关知识信息串联的视线流畅而舒适，心理状态就会平衡愉悦；另一种是没有经过精心思考，相关的知识信息位置配合不当，顺序错乱，知识信息之间的联系轨迹梗阻不通，阅读时东寻西觅，出现时断时续、心理失衡、情绪烦躁的情况，从而影响求知兴趣。可见，一块小小的版面，处理得当或不当，也会在读者中产生不同的影响。

当前，电脑已进入装帧设计领域，对此，我们毫无疑问应该热情地积极地研究和应用，目的是为了发展和弘扬中国文化，发展中国装帧艺术。重要的问题是如何使我们的装帧设计既有时代精神又有民族气质。

（三）

装帧设计工作中的美术设计，既忌实，又忌繁，实了无意味，繁了无余地。任何设计艺术，只有经过提炼的艺术语言，才能启动人们在自由想象中迂回，才能透发人们在意识观念中漫游，此时，才真正体会到艺术魅力所给予的审美升华和精神愉悦。美术设计者，必须对设计对象——书稿的内在精神的品格和特色充分理解，从中获取感受，萌发情感，启动想象，捕捉住其中蕴涵的鲜明主题和寓意以及所出现的模糊的形象或形式，然后把它们塑造成可视的、生动的艺术形象或形式。

美术设计，首先设计好封面。无论是书籍、期刊、画册，读者最先照面的是封面。封面应雍容瑞丽、富有神韵，使人产生好感，一见钟情；还要耐人寻味，可以细细品味，贯通心灵。

关于书籍的封面色彩。不同类别的书籍有各自不同的侧重点，比如马列经典、政治理论和学术著作，多数用明而不耀、鲜而不艳、灰而不旧和暗而不沉的平和性色彩。因为这类色彩属理性色彩范畴。书籍这种充溢文化特征的精神产品，能够触及人们的思想和灵魂，陶冶人们的情操，而一般商品则缺乏这样的功能和作用。因此，书籍色彩要求持久耐看，有渗透力，能拨动心灵产生第二感受——思想活动；而一般商品色彩则要求爆发力、冲击力，顷刻间牵动第一感受——视觉愉悦感。目的不同，审美要求也就不同，因此，书籍色彩的运用在层次上和艺术品位上也就同其他商品存在区别，存在差异。

美术设计是一种艺术创作，需要体验生活，从社会生活中汲取形象和形式；需要观察宇宙，从自然界中感悟气韵和色彩。因此，装帧设计家应将获得的丰富多彩的资源储备起来，在日后设计构思和构图时作为素材和酵母。

装帧是书籍、刊物的精神内容的物质形态，物质形态不仅需要合理性，而且还要赋予艺术性。书刊的精神内容是通过物质形态的艺术面貌在社会上传递信息的。装帧艺术的群体，不仅有美化社会环境的作用，而且还时时刻刻与人们交流着审美意识的信息，起着宣传和教育作用。一部完美的装帧艺术品，必定蕴藏着反映精神内容特征的象征语言，又有高尚雅致的艺术品位，人们会青睐它，受它感化，激起求知欲。这种无形无声的作用，显然有利于精神文明建设，有利于社会发展。

《中国编辑》第 3 期　2003 年 5 月

析议《中国大百科全书》的装帧整体设计

1978年国务院决定编辑出版《中国大百科全书》,并成立中国大百科全书出版社,由它负责此项工作。

编辑出版中国第一部现代型综合性大百科全书,在我国属首创,没有现成经验可借鉴,这对百科全书的装帧整体设计来讲,困难是可想而知的。在这种情况下,借助我国在书籍装帧设计方面积累的普遍的共性的经验和一些基本理论就显得十分重要了。

书籍的装帧设计,受多方面的制约。书籍学科门类的属性、书籍内容的个性、读者对象层次等制约,书籍纸张装帧材料与印刷装订工艺技术的制约,出版周期与经济的制约。这些制约决定了书籍装帧设计的从属性。书籍装帧的这些制约,是反映书籍的实用价值和审美价值的依据,装帧设计在了解和把握这些制约的同时,引发出发挥个性设计的自由意志,这是书籍装帧设计的独立性。设计上的这种两面性自然而然地形成了独有的设计创作规律和审美准则。

书籍有各种学科和各种门类的属性划分,书籍内容有品位、特征、风格的个性区别,因此装帧制约的实际条件和性质也会有差异,设计的品位、特征、气质与风貌也随之多样化。文学艺术与政治理论书籍,前者着重个性特征,审美多数采用具象手法表现风貌,后者则注重共性品位,用抽象手法表现气质。文史哲与科学技术书籍,前者多数取朴素的学术气氛,后者多数选明朗的时代气氛。辞书类与教辅类书籍,前者考虑群体需要,持久应用,审美取向,形式简朴,色彩稳重,后者考虑学生需要,短期应用,审美取向,形式活泼,色彩鲜艳。装帧设计的这种现象说明,从属性与独立性是不矛盾的,是可以结合的,可以相互起作用的。结合得好与紧,装帧设计的社会作用也就大。

※　※　※

1980年《中国大百科全书》天文卷出版了,它(书籍)的整体物质形态是研究它的装帧整体设计的唯一依据。它是否借鉴了书籍装帧设计的理论和经验并有自己的新经验和新成就,只能从观察和触摸这个整体物质形态的方方面面中找答案。

当看到《天文卷》小16开精装本时,它的形态不大不小不厚不薄,放在书架上很得体,这是多数人的印象。一般认为选择一种通用的开本都是根据书的内容容量和形式美两个方面考虑的,谈不上有什么新经验的问题。然而据我所知,国家出版局为《全书》曾进口一种特大规格的纸,按理大规格纸的16开有气魄形式更美,纸质也好,为什么没有选用。考虑到74卷10年需求,有个外汇因素,但这不是主要因素,而是后来从存放书籍的环境与条件方面思考,了解到当时广泛使用的书柜、书橱、书架的夹档高度为 30cm、28cm、26cm,这三个数据大 16 开一个都不适合,然而小 16 开却有两个适合,决定选用小 16 开,就有了一个切实可靠的依据。《全书》是工具书类,书存放书架上拿下插上,使用频率高,如果忽略这个制约,选用大 16 开将会在使用上产生许多不便。《全书》装帧设计在选用开本上提供了新的经验。小 16 开国产纸,质量不及进口纸,这个问题必须解决,否则影响书籍阅读质量。于是对纸张克重、质量的要求提出了可靠的数据,要求上海造纸企业配合,试制《全书》专用纸张。这是我国出版业家里自己的事,所以行动很快,成功率也很高,不久《全书》专用纸问世而且印刷图文清晰度很高,对广大读者在阅读时保护眼力和稳定情绪起到了很好的作用。

  《全书》的封面、书脊、书名页与扉页的设计,是装帧设计的审美取向的主要部位,《全书》在这方面设计的实际情况是:封面上没有一线一点的装饰,没有添一点色彩,书名、学科名也只用凹凸光感的作用传递信息,给人感觉素静、平淡、不艳、不俗。书脊上有四条装饰纹样,从上到下将书脊分隔为三段,上段面积最大,正中直排书名,中段面积最小,居中横排学科名,书名与学科名大小有别,但位置靠近,表示了层次的主次的联系,下段面积大于中段小于上段,居中安置书徽,书徽是唯一的统一 74 卷的符号,利用周围空间表示出它是一个独立的层次。书脊上字全部烫金,给人感觉端正、大度，不华不丽。书徽设计，借用我国古代瓦当形式，中间内容改为"中国百科"四字与正中的一支指南针，表示"中国百科是知识的指南"。

　　书名页是 74 卷的统一插页，有三个不变的独立主题内容，书徽、书名、出版社名，集成一组面积不大的形态，上下左右居中，用红色表示，四周一大片白，给人感觉既简洁又严肃。扉页增加了学科卷主题词和出版社地点、出版年月内容，这些内容每卷都有变更，与书名页作用不同的是它表示一个学科内容。扉页文字印黑色，也是简与素的感觉。

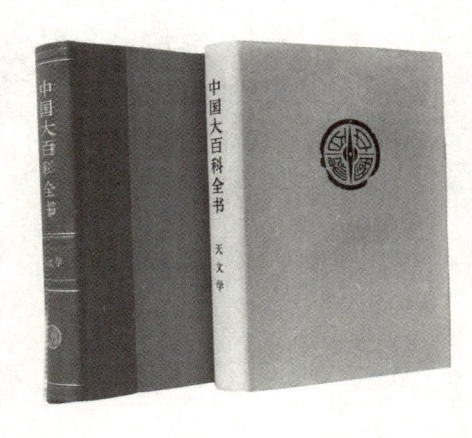

　　概括以上内容的设计，审美与实用价值取向，是简朴大方，主题突出，审美与实用结合、实用与审美结合的指导思想与百科内容特征是有联系的，百科的知识是从知识大海中提炼出来的，质朴无华真实的知识，是经过时间和实践考验过的知识，它必然有长期使用的价值，《全书》装帧设计的审美、实用取向也要经得起时间的考验。

　　现在看到的《全书》第一卷天文卷，书籍的装帧整体

析议《中国大百科全书》的装帧整体设计

设计，时隔二十多年，并没有由于它那简朴大方、主题突出的审美实用取向而感过时。简朴大方审美值也是经过长时期的考验留下的一种比较恒定性的审美值。

《全书》装帧设计还有许多部位可以分析，本文不再叙述了，留给广大读者去剖析评议。

《中国编辑》特辑　2003 年 11 月 2 日

浅议——书籍装帧材料

书籍装帧工作是形成书籍形态的主要工作。这项工作有三个方面内容：一是装帧设计；二是装帧材料；三是装帧工艺。这三个方面的每一方面都有它自身的作用和要求，同时又需要互补协调，在融合过程中完成书籍装帧工作，少了哪一方面都不可能形成书籍形态。

书籍装帧材料是书籍的物质基础。有了这个基础，文化思想作品就有了载体，有了这个基础，装帧设计与印装工艺各自的特征和作用方可在这个基础上自由地表现出来。可见，作品原稿、设计方案与工艺制作，只有与装帧材料密切有机地结合，才能产生完整和谐的书籍形式的精神物质商品。当书籍有流通、收藏、欣赏与阅读的功能时，书籍本身也就具有审美、实用与经济三个价值。这就是装帧材料自身的作用。

许多有经验的书籍装帧设计家，在书籍装帧材料的选用上，总是表现出极大的兴趣和苛刻的要求：要求材料精美新颖；材质坚实耐用；要求色彩与纹理的视觉和触觉方面有一定的美感和舒适感；要求材料有多样性的品位和特点。这些要求，目的是为了能找到与设计品位相匹配的装帧材料，而且还在一定程度上对设计的审美和实用方面有所增值，这就是装帧材料自身的要求。

当我们回顾新中国成立后这半个世纪书籍装帧设计与装帧材料相互推动发展的轨迹时，可以确切地说，装帧材料在我国书籍装帧设计艺术成就中有它一定的功绩。

1950年我在人民出版社美术组从事书籍装帧设计，当时装帧专用材料有凸版纸、木道纸、道林纸等四五种白纸，还有一种精装漆布面料和精装纸板黄板纸。几乎可以称为"一穷二白"。当时出版的书籍，封面大部分是白纸红字，党、政、人大与政协会议文件与报告最初也是白纸红字封面，后来虽加印上满版米黄或肉红底色，但每印一本，底色有差异、深浅不统一，于是触发出生产彩色书皮纸的念头。1953年在我社出版部主任赵晓恩与济南造纸厂几次洽谈后，按照我提供的米黄、肉红、浅灰与浅蓝四种色标试制生产。当彩色书皮纸在党、政、人大、政协的会议文件与报告出版物上使用后，1954年中小学教科书、作业本封面也采用并增加了浅绿、浅茶两种彩色书皮纸，这是由装帧设计需要推动造纸业生产的第一种装帧专用的封面材料新品种。

1954年，《列宁全集》精装本设计批准后，考虑到《全集》三十九卷出版周期要将近10年，精装面料选择要慎重，不仅面料的审美品位要适合《全集》的性质，还要考虑面料耐摩擦、不变色等实用性。根据这些要求，当时可作精装面料的专用和代用装帧材料几乎都不适用：专用材料漆布油光着亮太俗；代用材料亚麻布深颜色染不上；中纺绢太纤细；市布欠庄重。只能再走试制新品种的路，于是去天津、上海两地考察漆布生产工艺、涂料成分、底布材料，推敲分析掌握的资料，将原来的底布改成染色亚麻布，将原来八次涂布涂料覆盖底布后再压一次花纹工艺，改为五次涂布涂料镶嵌在布缝间露出布纹后再加一次冷压工艺，涂料成分不变，略增少量滑石粉去油性。试制出的样品其表面品位视觉上有朴素感、触摸上有细微的自然质感。由于涂料成散点状就不存在整体结膜，避免了老化开裂的弊病，比原漆布更耐用实惠。在成本上，因减少了三次涂布工艺，涂料比原漆布节省了三分之一。试制成的新品种定名"漏底漆布"。《列宁全集》从第一卷至三十九卷全部采用此布，这是我国精装装帧专用面料第一个新品种。

1978年5月我被借调到国家出版事业管理局工作，有机会参与装帧材料新品种的试制；1979年在北京造纸试验厂与天津加工纸实验厂协作，试制单面滚色与双面染色工艺的彩色压纹纸，为了增加花色品种，特为该厂申请外汇从日本进口4根不锈钢花纹辊筒。试制的新品种经《出版工作》封面采用后不久，就大批量生产，供各出版社使用。《中国大百科全书》精装本环衬就采用了该厂首批生产的白色压纹纸，从第一卷至七十四卷，供应了14年。当年还在北京通州试制精装用纸板，多次试制均不合格，只得放弃。后又邀请辽阳纸板厂协作，试制一种专为精装书籍封面用的新品种纸板。经测试，新品种比原辽阳工业纸板密度松软，重量减轻，表面平整，烫印工艺可塑性良好，新品种受到出版界欢迎，当时全国精装本书籍几乎全采用了辽阳纸板。

1981年我为《中国印刷年鉴》创刊号作装帧总体设计，又激起我试制装帧材料的热情，因为前次试制"漏底漆布"的原化工材料是硝化棉（硝化），"硝化"是20世纪30年代美国商品溶剂公司开发的。60年代后国外渐渐以PVC代替硝化为原料的装帧材料问世，而我国装帧材料还没更新换代，于是想试产PVC装帧专用材料。当了解到北京房山有家建筑装饰材料厂有一套生产壁纸设备的工艺流水线，于是去该厂走访，参观生产壁纸工艺流程，请他们将原化工涂料成分改性，减弱硬度增大柔软度，适合封面烫印的可塑性需要，后又请上海印刷研究所参与合作，终于试制出第一批PVC装帧专用材料，并在《中国印刷年鉴》（1981）创刊号封面上首次使用。《当代中国丛书》150卷218册的封面也采用该厂生产的PVC装帧专用材料，每年专色定产一批，用了15年。之后商务印书馆、中国文联出版公司的精装书籍的封面也相继采用。因审美与实用效果良好，得到出版、印刷界认可。这是我国精装本书籍装帧专用材料更新换代的第一个品种。这个品种与国外PVC装帧材料相比较，有优点也有缺点：优点，摩擦率高于国外；缺点，柔软度比国外差，烫压印效果不如国外的精细清晰。后来经过数次调整涂料成分，在上世纪80年代末柔软度已接近进口的产品。

　　从1953年至1981年，由于我在装帧设计工作中，对装帧材料有偏爱，对自己设计作品总想有适合我需要的装帧材料来配合，于是就不断提出并不断参与试制开发装帧材料新品种的行动。但受能力与知识以及当时历史条件所限，这些装帧材料新品种在当时虽也曾风光一时，但毕竟科技含量不高，产品质量属于低档。当时我国造纸业生产的原纸质量也不高，即使在纸张表面进行工艺加工，也不能全部弥补原纸质的性能。所以，我国仅有的几种装帧材料与先进国家产的装帧材料相比，显然不如他们。

目前我国市场上的装帧材料，无论是品种、质量、色彩、纹理、规格与克重等方面，可以说应有尽有，十分丰富。这是由于我国的改革开放政策，使世界各国的装帧材料制造商、加工商与经销商有机会把他们新颖的高质量的装帧材料新品种输入中国市场，这些新品种受到我国装帧界的欢迎，乐意使用他们的产品。我们只要细心观察这十来年，就可发现在历届中国书展和中国书籍装帧艺术展览上，看到的展品几乎都穿戴着进口的装帧材料，艺术展上那些获奖作品，除了设计创意、艺术品位、技术手法是中国的，至于装帧材料都选择了新一代高质量进口的品种。甚至不少书籍，从外到里，整本一身洋装。

进口的各种装帧材料，基本上有两个明显的特征：第一，视觉与触觉上有良好的美感与舒适感，闪烁出时尚审美值；第二，品种的质地耐磨、耐折、耐用，增加了实用值。正因为这两点，有经验的装帧设计家和中青年装帧家，为了保证设计的艺术品位和技术效果，争用进口装帧材料也就无可非议了。

《中国新闻出版报》2005年3月8日

"书籍装帧三部曲丛书"序

  书籍是人类社会实践经验与知识的载体,是人类智慧和思想的结晶。在漫长的历史中受益于书籍而改变命运的人不计其数。

  书,是经过绳书、刻书、陶书、甲骨文、青铜铭文书、石书、竹木刻书、帛书发展到纸书和印刷书,而构成的千变万化的书籍形态。从绳书到印刷书,我们不难看出,它们有三个共同因素:一是设计;二是材料;三是工艺。绳书上的结的大小、多少、结与结间隔的差别,绳粗细、长短的不同,这些都充分启示出设计、材料、工艺这三个基本因素与书籍紧密相关。以后从书到书籍形态的发展,只是设计方法、材料质地、工艺技术的不断革新,是科学技术随时代进步的缘故。

  印刷工业出版社编辑出版《书籍装帧设计》《书籍装帧材料》《书籍装帧工艺》是符合时宜的。目前,"书籍装帧设计"已在全国多所院校设立了本科或专科;"书籍装帧材料"除了国内各地生产的装帧专用材料外,还大量引进国外先进的科技含量高的装帧材料;而"书籍装帧工艺"在我国早有了"中国印刷科学技术研究所""北京印刷学院""中国印刷技术协会"等研究、教育机构。

书籍装帧设计统领装帧材料与装帧工艺。优秀的装帧设计必须经过精心的思考，严谨选择材料、工艺的自然价值与社会价值，并考虑它们在装帧过程中的协调性和适应性，使书籍成为完整和谐的文化艺术品。

书籍装帧材料是书籍的物质基础，材料的花色、品种、规格、定量、性能要多样化；材料的审美值、实用值、经济值也应各有差别。这样，不同类别、不同用途的书籍装帧就有了选择不同材料的空间，形成不同品位的书籍商品，在流通和使用中，装帧材料的社会价值也就相应体现了。

书籍装帧工艺随着现代科技的发展，印刷装订新工艺、新技术层出不穷，书籍装帧的审美值、实用值也不断提高，使现代书籍装帧品位、面貌更为丰富多彩。《书籍装帧设计》《书籍装帧材料》和《书籍装帧工艺》这三本书，对我国书籍装帧的历史背景与现状有较清晰的释述，融知识性、实用性、可读性于一体，艺术理论与实践结合，材料与工艺联袂，创新与工艺串联。是一套出版从业人员、美术编辑和书籍设计师工作时的得力助手，也是中高等教育设计专业可选的优秀参考教材。

2007年4月

《书籍装帧材料》前言

这本《书籍装帧材料》包含我多年来从事书籍装帧设计工作中经常遇到的装帧材料的使用问题。因为装帧材料是书籍的载体,无论哪一类书,都会选择相应的、得体的装帧材料。由此,我对装帧材料渐渐地产生了兴趣,不断地研究装帧材料的实用效果,注意装帧材料的审美品位,以及装帧材料的经济价值。

在我设计作品时,曾经发生找不到理想的材料的情况,这就萌发了我试制新材料的想法,其中包括彩色书皮纸、漏底漆布、国产 PVC 涂塑纸,以及压纹胶版纸和灰纸板。

本书的编写涉及我国文化发展的历史背景以及先人采用的书籍载体经验的知识。从结绳的无字书开始,经过岩石壁作图画文的载体,到符号文陶土材料,之后为有文字的龟甲作书的载体材料,一次一次的变革,文字的进化出现了简策、帛书等材料,直到发现麻纸,并进行多次造纸工艺技术的改进与印刷术的发明,最后宣纸、竹纸的单面印刷的中国传统线装书的大量生产。但我国造纸业一直停留在手工业生产阶段。

19 世纪中叶,欧美各国和日本的机制纸大量倾销中国市场,在 19 世纪末,机制纸与机械印刷机双面印刷的书籍就流传开来，其间书籍装帧材料被一次一次地改进创新，使书的实用功能和审美品位多样化。正因为装帧材料有这两层功能，装帧材料有了专业生产的企业、营销单位，以及科学研究机构。

  本书编写时为满足和加深读者对内容有一个知识性的认识，尽量配上各种有关书籍的图片和插图，从中可以实现装帧材料应用的效果以及材料表面色泽和纹理的变化，为从事装帧材料的使用者与有关教学的老师提供参考资料，也可作为辅助教材使用。终于完成了此书的编写，我很高兴，但作者不擅写书，如有错误或不妥，恳请读者批评指正。谢谢！

2011 年 12 月 7 日

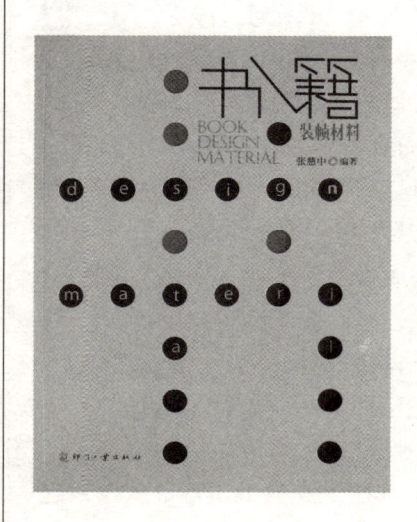

中国传统直排书籍装帧的几种形式

线装书出现在明代万历年间，清代继而盛行，线装书是雕版印刷书籍的最后一种，也是中国古代书籍装帧的最后一种形式。线装书自 1368 年始绵延至 1911 年，历时 544 年，在这 544 年的时间，正是中国造纸业的鼎盛时期。区域继续扩展，遍及城镇、乡村和山区，造纸产地有安徽、江苏、浙江、江西、福建、广东、四川、陕西、山西、河北等省。纸张是书籍的基础物质材料。线装书出现的历史时期，正是中国竹纸盛行时期，而且产量居全国首位，竹纸品种有十多种，其中一大部分是适应书写的，适应印刷的有毛边纸（见图 1）、连四纸、竹连纸，还有传统的宣纸与玉版宣。这几种纸线装书都采用过。经过一段时间和社会实践，线装书主要是连四纸和宣纸用得最普遍，这两种纸是最适宜印刷，是装订书籍的常用纸。

图 1　毛边纸

线装书的印刷与包背装印刷相同，都是单面印刷，装订折页也与包背装折页相同，不同的是折页口无包脊背纸，全书按顺序折好后配齐，然后前后再各加与书页大小一致的白纸折页作为护书页，最后再配上两张与书页大小一致的染色纸，也是对折页，作封面、封底用。在护书页前后各加一张，与书页折缝处同时戳齐，把天头、地脚及右边折口处多余的毛口纸裁切齐，加以固定，而后离折口约四分宽处从上至下垂直分别打四个或六个孔，用两根丝线穿孔；一竖一横锁住书脊，便成线装书的装帧形式。然后在玉版宣或绫纸做的书签上写书名，有的书签还画上文武线框，更显得传统文化的朴素、古雅。将写好的书签粘贴在封面的左上口，完整的线装书即形成了（见图2）。

（a）四眼订　（b）六眼订

图2　线装书四眼订与六眼订示意图

图3　熟宣纸

线装书封面纸，一般采用经染色、施胶、洒金、加蜡、砑光等工艺处理过的宣纸，俗称熟宣纸（见图3），书名签纸用白宣纸（见图4）、虎皮宣（见图5）、玉版宣（见图6）等。

线装书每册都不是太厚，否则不易翻阅，一般在50～

80 面之间。一部著作，往往有几册的、几十册的，如图 7 所示，多者上百册甚至上千册的。因此线装书多数配有函套，有两册、五册和十册装的不同大小、厚度的函套。函套也有两种：一种是四合函套；一种是六合函套。四合函套是前后两头不封口，露出线装书书根，书

图 4 白宣纸

图 5 虎皮宣

图 6 玉版宣

根上打上卷次字样，放在书柜上可一目了然，很合理也很实用，如图 8 所示。六合套是上下左右前后六面全封口，它的优点是保护线装书不受尘土污损，如图 9 所示。

函套制作的材料是硬厚纸板，在线装书时期我国还很少

图7 中国传统线装书《聊斋志异》

(a) 线装书四合函套外观示意图

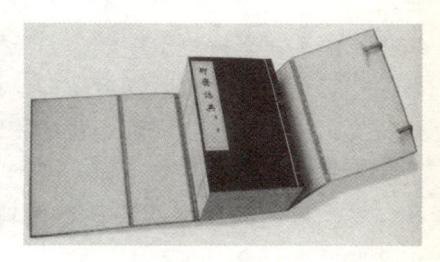

(b) 线装书四合函套打开示意图

图8

(a) 线装书六合函套外观示意图

(b) 线装书六合函套打开示意图

图9

有洋纸板,当时我国生产的是黄色纸板(俗称马粪纸),主要原料是稻草。黄纸板按厚薄编号,序号有 1~6 个数,每一序号增加 0.5mm,一号厚 0.5mm,四号厚为 2mm,六号厚为 3mm。线装书函套一般都用四号或五号黄纸板。函套做成后,包在书的四周,函套表面裱上棉布或绫、绸、锦等织物,函套背里裱糊上白纸,白纸均比黄纸板面积小 3mm², 分贴在套背四面上。函套封面书口处添置上两个骨签,骨签一头尖,一头肥圆,肥圆处开个孔,用函套面料叠成的两条带穿入骨签孔中。书口那面函套上,也用面料制作两个签孔,签孔也用面料将两头插在面料内裱住,如图 10 所示。线装书放在函套封底面上,将函套上右与左合上时,用骨签插上签空中锁住函套,函套下切口露出线装书书根上印的书名与册次,放在书架或书柜上一目了然,便于索取,这种四合函套的装帧形式很科学,体现了书籍装帧的实用性和审美性的两个准则。函套上面左上角粘贴上泥金纸、宣纸或绫等其他加工的优质纸做的书名签(见图 11)。

图 10　函套上的骨签与签孔示意图

图 11　函套封面上书名签用绫纸

新中国成立初期的装帧材料情况

20世纪50年代初,我在人民出版社美术设计科从事书籍装帧设计。记得当时的纸有凸版纸、新闻纸、书籍纸、木道纸、道林纸、铜版纸、字典纸、地图纸、白板纸。还有一种作精装封面用的马粪纸,即黄板纸,马粪纸有单层的,还有裱两层的和三层、四层的,厚薄不同,可以选择应用。还有几种精装面料:光面漆布(硝化棉)、压纹漆布,还有一些零星的拓裱好的精装面料,如绫裱纸、丝裱纸、绢裱纸、布裱纸等材料。这些材料就是新中国成立初期的书籍装帧材料情况。

(一)试制平装封面专用材料

由我设计的党、政、人大、政协会议报告与文件出版于1953年,封面用木道纸印四种不同色相的封面专用纸,经人民出版社出版部赵晓恩主任的大力支持与批准,我带着他写的介绍信和四种标准色相样去济南造纸厂与生产线上的工程师一起合作,将原纸浆中加进色浆,生产出双面彩色平装封面纸,经试印,效果很好,并批准为仓库常备彩色封面纸。

（二）试制精装封面专用材料

1954年出版的《列宁全集》精装本封面是由我设计的，考虑到其总数出版三十九卷，出版周期长达10年，这就在材料选择上增加了难度，为了使材料的表面品位适应《列宁全集》这类马列主义经典政治著作，我要考虑封面材料材质、颜色、工艺加工的一致性，材料的实用性、耐磨性与不变色，还要考虑材料在触摸与视觉上有厚实、稳重、庄重、朴素感。具备以上条件的材料作《列宁全集》封面材料就很理想了。

但当时可选择作精装面料的专用材料和代用材料，几乎都不够理想。专用的精装书面料硝化棉漆布，油光锃亮太俗，代用的材料棉布欠庄重，丝绸又太华丽，亚麻布纹理清晰自然，比较理想，但染深色着色力差。于是考虑试制新品种，我开始调研漆布生产工艺流程、涂料成分、底布材料，最后掌握到的资料是：底布是漂白棉布；涂料是硝化棉加色浆；工艺流程第一步工序是在涂布机上将棉布表面的毛烫掉，第二步至第八步工序是将硝化棉涂料一层一层地涂上，直到布底全部覆盖不露布纹为止，第九步工序是用钢辊冷压平整，最后一步工序是用不锈钢花纹辊压花纹，前后总共经过十步工序。

在观察漆布生产的十步中，我发觉涂布的第五六步中，涂布效果有一种自然朴素的美，既见到布底纵横织物线交叉处凸起，涂料在织物线交叉四周空隙中填实，又见布纹和涂料，既见布的白色，又见涂料的颜色，但色差太大，布纹太细。如果这两点得以改进，这种自然朴素的美观很合适政治类书籍装帧品味。经过认真地分析推敲，我决定将布底棉布改换亚麻布,亚麻布经纬线粗细不均匀,有一种自然美。亚麻布深色染不上,只能染成中性色,硝化棉涂料成分不变,只是加添褐色染料,再增添少量滑石粉,使涂料油光减弱。涂布工序改为5~6次,将涂料填满在亚麻布空隙中,露出亚麻布经纬线交叉点即止,最后用不锈钢辊冷压一次,将涂料与亚麻布交叉点同时压平整。试制出的样品,在视觉上色彩纹理有朴素感,在触摸上有细微的自然材质感。由于涂料分布成散点状就不存在整体结膜,避免了涂料氧化开裂的弊病,比原漆布更耐用、实惠,在成本上,因减少三次涂布工艺,涂料比原漆布节省三分之一。这次试制的新品种,是由装帧设计工作者提议并参与自创的产品,产品称为"漏底漆布"。《列宁全集》精装本封面首先采用(见图1),从第一卷至三十九卷全部专色定产。"漏底漆布"是我国精装书籍封面面料的第一种专用材料,是我国书籍装帧专用材料第二次试制成功的产品。

图1 试制精装面料硝化棉漏底漆布
(列宁全集封面)

（三）试制压纹胶版纸

1979年我请通州造纸厂试制压纹胶版纸，该厂初次试制出的压纹纸纹理太细、不清晰，于是我通过国家出版局，特为该厂申请到外汇，从日本进口四根不锈钢花纹滚筒，试产的压纹胶版纸经《出版工作》封面采用后，就正式批量生产供应各出版社使用。《中国大百科全书》精装本的前后环衬（见图2）采用了该厂首批生产的压纹胶版纸。从第一卷至七十四卷，供应了十四年。

图2 试制钢辊压凹凸纹胶版纸（中国大百科全书环衬）

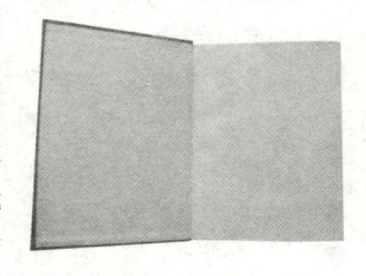

（四）试制精装用纸板

1980年以前，我国高档的精装书裱背用的灰纸板，都是用外汇从国外进口的，因此邀请了通州造纸厂试制精装用的纸板，但多次试制均不合格。后邀请到辽阳造纸厂协作，将该厂生产的工业纸板调整配料成分，要求硬度、密度、重量全面改进，根据书籍装帧的需要，纸板密度松软，重量尽量减轻，正反两面平整，颜色改浅灰色。辽阳造纸厂试制的纸板经测验：纸板裱糊面料干燥后不发翘；经烫压印工艺加工后，可塑性良好（见图3）。辽

图3 辽阳造纸厂试制生产的精装书裱背专用灰纸板

阳厂这个精装书籍用的纸板新品种不久便就受到了出版、印刷界的欢迎，全国精装书籍几乎全换用了辽阳纸板，把多少年来一直用的黄板纸（马粪纸）淘汰掉。由此，我国有了自产的精装书专用灰纸板，为国家节省了大量外汇。

（五）试制精装封面专用 PVC 材料

1981 年我为《中国印刷年鉴》创刊号作装帧总体设计时，又激起我试制精装书面料的热情。之前试制的"漏底漆布"面料的原化工材料是硝化棉，"硝化棉"是 20 世纪 30 年代美国商品溶剂公司开发的，20 世纪 60 年代后国外渐渐以 PVC 代替硝化棉为原料的装帧专用材料问世。而我国精装装帧面料还没有更新换代，于是想试产 PVC 装帧专用材料。当了解到北京房山有一家建筑装饰材料厂有一套生产 PVC 壁纸设备的工艺流水线，于是我去该厂走访，参观生产壁纸工艺流程。我翻阅了壁纸样本，感觉视觉效果不错，但用手触摸感觉糙硬，于是我就向厂方建议将原涂料化工成分改性，减弱硬度，增加柔软度，达到适合精装封面烫压印可塑性需要。为了圆满达到这个要求，我还邀请上海印刷研究所有关人员一起参与研制，终于试制出第一批 PVC 装帧封面专用材料。并在《中国印刷年鉴》（1981）创刊号封面上首次使用。接着《当代中国丛书》150 卷 218 册的封面也采用该厂生产的 PVC 装帧封面专用材料，每年定产一批，共用了 15 年。《中国出版年鉴》《新中国文艺大系》精装本封面也相继采用（见图 4）。

（a）国产咖啡厅色 PVC 涂塑纸

（b）国产蓝色 PVC 涂塑纸

（c）国产翠绿色 PVC 涂塑纸

图 4

装帧材料的三个价值

装帧材料从材料本体的构成元素剖析,可以量化的着眼点有三个方面:一是材料所反映出来的实用宽度与功能强度的实用价值;二是材料质地表面的视觉与触觉的审美价值;三是材料与前两个价值之间产生的经济价值。

(一) 实用价值

装帧材料的实用价值是指其具体应用范围、应用效果、应用环境与时间所反映出来的适应程度。作为书籍装帧材料,首先是它具备能承受印刷工艺技术的有效宽容度,其次是能经受住装订工艺技术上的折、捋、揲、搣、搯、揪与糊的高强度操作,如果没有这两个方面,那就不成为书籍装帧材料了。

装帧材料形成书籍后,它已经转变为物质形态的文化商品,还要经过商品特征方面的种种考验:交流运输、仓库储存、堆积叠放、搬动转移、书店陈列、读者翻阅、插入书橱、抽下学习以及承受空气干湿影响等。所有这些都在考验着书籍装帧材料的实用价值。

装帧材料转化为文化商品,在商品生产过程中,装帧材料的功能与作用已证实它的实用价值有很大的宽容度。但装帧材料更高的实用价值还在于使用书籍过程中,千千万万的读者的眼与手在实际阅读使用中,从书籍载体上获得的精神享受,以及真实的触感中体会到装帧材料功能上的实用价值。

装帧材料从原产品本身固有的实用价值和原产品在销售前的管理中体现的实用价值,以及原材料被商品生产单位使用,在转化商品过程中反映出来的实用价值,直到商品被消费者使用感悟到的实用价值,所有这些,都有力地证实了装帧材料实实在在的实用价值。

(二) 审美价值

装帧材料的审美元素,可以从其质地和表观中感悟到,质地可以用手触摸,表观可以用眼观察。

1. 视觉审美价值

当装帧材料平铺在桌面上,借反射光用肉眼就能观察到材料的平整度、光泽度、色相、纹样纹理等,这些审美元素形成了装帧材料的视觉审美价值。审美价值是可以量化的,比如材料表面上有褶皱或坑洼之类的瑕疵,破坏了平整度,影响了光滑度。又比如色相深浅不均匀,纹样纹理时有时无,觉得材料有缺陷,没有达到装帧材料审美元素之间的协调关系与和谐程度。

2. 触觉审美价值

用手在平铺在桌面上的装帧材料上揉、捻、摸能感受到材料的质地是否柔软、光滑、坚挺、厚薄与轻重,以及材料表面上经工艺加工后的各种各样起伏不同的纹样纹理。这些都是触觉审美元素，这些审美元素形成了装帧材料的触觉审美价值。触觉审美价值也可量化为触觉审美元素之间的协调关系与和谐程度，比如装帧材料的柔软性，弹性的深浅，受烫印后的塑性，以及坚挺的硬度和在松紧上能承受压刻的能力等。再比如纹样纹理是单一深度的硬层次还是深浅渐变的软层次等问题。综合这些触觉审美元素，给人以舒服、细腻、清爽之感，人们就觉得这材料质地好。反过来讲，触摸材料时手感粗糙，纹样纹理不清爽，时有时无不均匀，人们就觉得这材料质地较差。这就是材料产生的好、美、糙、差的不同量化的触觉审美价值。

（三）经济价值

经济价值对物质材料来讲，它是体现物质材料综合整体的品位价值。

装帧材料的实用价值与审美价值上的量化，可以是相等的、平衡的，也可以是有差异的，差异现象是比较多见的。举个例子，椅子，它的实用价值差别很小，而它的审美价值却区别很大。拿装帧材料中的纸张来说，胶版纸、轻涂纸、铜版纸这三种纸张表面都是白色，都能承受印刷工艺技术，印黑字彩图都适应，也都能把纸张折叠成片页装订成书籍形态，它们之间的实用价值差异较小。然而这三种纸的审美价值由于它们之间在平滑度、光泽度、吸墨性等方面的不同，区别较大。材料实用价值的量化与审美价值也有量化的变数。我们常听到有些人说，"货物质优价贵，质低价廉"；"好质量卖好价钱，便宜的买不到好东西"。反映了社会上人们约定俗成的关于商品价值的基本准则。

　　材料本身的经济元素有：各种原材料成本，辅助材料与添加剂，科研、工艺、技术以及生产成本。

装帧界治学严谨的杨永德先生

我认识杨永德先生约在20世纪70年代初,那时他刚涉足出版界从事装帧设计工作。在与他交往中,留给我深刻的印象是:为人谦虚朴实,办事严谨负责,工作学习踏踏实实。数十年来,他在书籍装帧设计上勤奋实践,积累了丰富的经验和知识,他众多的装帧作品,有独特典雅秀丽的艺术品位,是一位卓有成就的书籍装帧设计艺术家。

杨先生对我国的书籍装帧艺术,有很大抱负,他在装帧设计实践方面取得的成就,自认为仅仅完成了书籍装帧的基础课程,至于对书籍装帧文化的社会价值与思想价值等的深层次课程,还需要进一步学习,提高自己的艺术修养和理论学术上的修养。

杨先生求知欲很强,好学好问,这是他后来在各方面取得卓著成就的直接原因。

在艺术方面,他努力钻研书法篆刻与传统水墨山水画,辛劳出成果,勤奋出智慧,他的书法篆刻山水画,赢得了业内同志的赞赏,在各种评选中获得了多种奖项和荣誉称号。在理论学术方面,他努力写作,著书立说,写了不少有关装帧、书法美术等文章,虽属单一的专题文章且篇幅也不是太大的,但都成书,出版了多种集子,对我国书籍装帧艺术的发展和出版事业繁荣作出了一定的贡献。

　　杨先生深知，提高理论学术上的修养，继续学习是最重要的。他精选了不少著名学者的理论学术著作，一本一本地潜心拜读，汲取养料，充实自己，反映了他谦虚好学的美德。

　　杨先生想到今后著书立说要有个方向，他抽出不少时间浏览了我国有关装帧本体和与本体相关方面的各家理论著作，收集了不少参考信息，为写作做准备。学习是为了提高理论和写作能力，杨先生一贯关心我国装帧理论的建设，他从众多的装帧理论著作中发觉装帧理论还没有形成系统，有见识的分析研究和详尽的论述也不多，开展理论学术研究和确立装帧研究课题就显得十分重要了。他经常反复思考，中国书籍装帧的源头是什么现象？在历史长河中怎样发展现变成当今的装帧形态的。它在中国文明史中占什么地位？它的文化品位和审美价值以及它在中国传统文化中受到什么思想影响，杨先生终于发现释疑这些问题的课题——中国古代书籍装帧。

　　杨先生不辞艰辛，花了数年时间，将原先搜集的大量资料和文献材料，进行细密疏理，科学考证，从传统文化视角审视，以传统文化的核心——宗教思想、朴素的古代哲学思想予以辨明。从理论学术研究出发，系统地全面地完成了这个课题。

　　从《中国古代书籍装帧》（2006年6月人民美术出版社出版）书中不难读到杨先生的独到见解，新的说法和新的观点。显然杨先生很注意当今的科学创新的观念，不落窠臼，敢破敢立，显示出创新能力。

中国古代书籍装帧，四十万字构成的专著，有很高学术价值，从历史跨度看，以远古结绳书始直至清末的线装书止，可作为一本中国古代装帧史来读。从横向看，它从装帧本体与本体相关的方方面面展开叙述，算得上一本知识密集型的装帧知识大全，也可作为教科书、工具书使用。这样假设并不是贬低该书的学术价值，这部著作分量重心在学术，作者追求的也是理论学术方面，这是肯定的。但该书确有它的实用价值。

长期以来，中国缺少古代装帧理论专著，《中国古代书籍装帧》的出版，首先填补这个空白，对中国装帧的理论学术建设作出了贡献，无疑有启迪和推动理论学术进一步发展的作用。我对杨先生的为人、为事、为学的行为准则，十分敬佩，他也是我学习的榜样。

读罢此书，我没有把书插入书橱，而是放在案桌上，时而翻翻，时而细读，静心思索，受益匪浅。我愿把它推荐给装帧界同仁，作为案头上常备的专业书，出版界朋友也可一读的一本好书。

写此短文，想让读者与作者拉近一点距离，增进一分亲近，目的是否达到，我就不知道了。

2006 年 10 月 5 日

爱书、爱封面设计的痴情人——范用

1950年12月1日，人民出版社成立，我从出版总署直属的新华书店总管理处美术编辑室调入人民出版社设计科工作，那时我认识了范用。记得他的办公室在前院的西南角，管理期刊出版工作。他对书刊的封面和内文设计很热心。我与他在人民出版社共事近三十年，1979年我被借调出版局工作，后又被借调去筹备中国大百科全书出版社，与范用见面的机会就少了。没想到过了十年，我家搬到方庄，很巧范用家也搬到方庄，我与他又成了邻居。

范用爱书，也爱书的封面设计；爱交朋友，特别爱交文化界、艺术界的朋友；爱酒，爱音乐。他不是一般的爱书，他爱得很痴情。凡是遇到一本好书，一本封面设计好的书，他就随身带着它，一见到熟人，就情不自禁地掏出来，对人说："这是一本好书，看，封面设计得多好啊!"滔滔不绝地夸赞。也有相反的情况，拿到一本封面设计难看得不像样子的书，他就很生气，发怒，话很难听。范用对书、对书的封面设计有如此爱恨分明的感情，令我敬佩。我为有这样一位好同志、好同行、好朋友感到十分欣慰。

我和范用在抗日战争时期就辍学，没有机会接受中高等教育。做学徒，做练习生，在社会上拼搏磨炼，在泥泞的道路上向着自己希望的目标、艰难地一步一步向前走,向前跑,向前奔,不甘心由于没有受过好的教育而落后于别人。范用从 30 年代起,在封面设计工作上付出了辛勤的努力,作出了独特的贡献,60 年代起又在出版社领导岗位上对编辑、设计、出版工作倾注了极大心血,成就显著、是当代出版界公认的走在前端的一位出版大家。

2006 年 12 月 5 日

新中国的书籍设计传奇

——张慈中、韩湛宁访谈·互动

张慈中，1924年生，20世纪40年代在上海、杭州从事商业广告美术设计。1950年至今从事书籍装帧设计，曾任出版总署新华书店总管理处美术编辑室设计组组长，人民出版社设计科科长和美术组组长，中国大百科全书出版社美术摄影编辑部主任和编审委员会委员，国家出版局和中国出版工作者协会书籍装帧研究室负责人。现为北京印刷学院设计艺术学院名誉教授和顾问，中国出版工作者协会艺术委员会顾问，中国美术家协会会员。

韩湛宁，设计师，汕头大学长江艺术与设计学院教授、硕士生导师，中国出版协会装帧艺术工作委员会常务委员，深圳亚洲铜设计顾问有限公司创意总监，曾任深圳市平面设计协会秘书长、"平面设计在中国展"执委会秘书长等职。设计作品曾在国内外获奖数十项，曾参加英国V&A博物馆"创意中国"展等多个重要国际展览，作品被多国博物馆收藏。近年亦致力于设计写作，撰写设计专栏等。

"我是一位只有高小学历的美术编辑，而在书籍装帧艺术界已度过了半个多世纪的时光……"新中国第一代著名书籍设计家张慈中先生总是这样谦虚地介绍自己。而了解他的人总是为他辉煌传奇的设计生涯而惊叹不已。从解放前在上海的广告设计打拼到为新中国设计红色经典,从被打成右派和下放五七干校到恢复工作后促进中国书籍装帧事业的发展……张慈中传奇的一生令人景仰,但是以现在八十多岁的高龄依然执著于中国的书籍设计事业,他说:"中国是发明造纸术和活字印刷术的国家,我们的书籍装帧艺术理应是世界第一流的,我们现在还不够,我们应该继续努力!"

韩湛宁:张老师,您好,谢谢您接受我的访谈。我知道您是新中国第一代著名书籍设计家,艺术与设计历程也超过七十年,设计过大量的优秀的书籍和其他设计作品。而且知道您在新中国成立前就一直从事美术设计工作,那时候您还小,您是怎样走上美术设计的道路呢?

张慈中:我 1924 年出生在上海松江县枫泾镇,小时候家境比较好。是四世同堂的大家族,人脉庞大,家谱、画像、祠堂样样都有。我母亲过世比较早,在我五岁的时候,我父亲经常不在家,主要是祖母照顾我。在读小学到的时候,我就非常喜爱画画。那时候我的美术每次都是一百分,美术老师也特别喜欢我。到后来美术老师怎么教学呢:以前都是老师在黑板上画一幅画,说这是一只蝴蝶,让我们照着画。到后来老师直接就不画了,说张慈中你到黑板画一个。

那在当时是很得意的事情了,小朋友都跟着我学画。

  还记得那时一到下课的时候,我就把课堂里老师用剩下的粉笔装在口袋里带回家画画。我家里的大客厅中有一块块的大方砖,回到家我就在砖上面画,什么都画。

  韩湛泞:哈哈,您小时候真的很淘气啊,不过,这些好像是很多大画家大设计师的童年成长的典型故事,从小的爱好其实就是奠定了一生的热爱。

  张慈中:是啊。再到我大一点看见大人们抽的香烟包装很好看,里面有很多精美的画片,风筝啊、鲜花啊、水浒人物啊、民间故事啊……都是一套一套的。我就收集香烟盒临摹这些,还临摹了很多城市画片,上海也画了,北京也画了,苏州也画了,没见过的地方都统统地画完了。

  1937 年 11 月,七七事变爆发了几个月后,上海也被日本人侵占了。那年我十三岁,小学刚毕业。上海沦陷的时候,就只听见外面天上轰隆隆地一直在响,当时很好奇啊,我就跑出去看,祖母就拉着我不让出去。出去一看惊呆了,日本人的飞机真的很猖狂,漫天地乱飞乱投炸弹,那时还不知道什么是炸弹。很不幸炸弹正好炸到了我家门前的大街上,这下才明白过来什么是炸弹。接着炸弹就落到我们家,把什么都炸了,整个家在一瞬间没有了!还起了很大的火,记忆很深。没有办法,我们家就这样被日本鬼子炸没了,我就也只好跟随祖母逃到了乡下去。

韩湛宁：您的父亲当时是做什么工作的，好像也是做广告的啊。您的画画是不是受您父亲的影响？他对您的成长有哪些影响？

张慈中：我父亲当时在上海的《申报》下面的联合广告公司工作。他也是画画的，那个时候他就画广告画了。我从小就会画画并且喜爱画画，可能是遗传吧，但是并非是父亲教的，我父亲对我的爱好完全不知道，也不关心我画画，主要因为我很淘气，他也管不住我，而且他在上海，我在乡下，由于要工作他只有礼拜天休息才回家。

我和父亲关系不太好，他很专制，我不太喜欢他，后来我把他给我起的名字都改了。我的名字以前不叫张慈中，叫张治中，一个原因是当时国民党有个将领叫张治中，我也不想重名，所以就改了；更主要的原因是：这是家族里起的名字，是父亲起的。我的父亲太专制了，我不想以后像他一样的"专治"，做人要像我母亲一样的慈爱，于是改名为张慈中。

韩湛宁：改名实际上是您独立个性很早的表现。您后来是在上海开始了自己的设计生涯，那真正开始从事设计是在什么时候，在什么样的环境下呢？

张慈中：大概是1940年，我十五六岁被父亲介绍到他所在的上海一家广告公司工作，那是我设计工作的开始。父亲在《申报》下面的联合广告公司工作，那个时候他在公司里画广告画。我当时在乡下，淘气得没有办法，父亲又在上海，后来他知道我画画也画得不错，所以就叫我去那个公司上班，还好管住我。

刚去的时候，老板看我是小孩子，很不相信我会画，就考我。正好公司要为欧米茄怀表做一个广告画，老板就让我画怀表的广告画，我三天就画好了，老板惊呆了，说我画得太好了。欧米茄那个公司的外国人要来看，老板就给他看了我画的，那个外国人也惊呆了，很喜欢，就要求见画这个广告画的人，老板不愿意，因为我还是个小孩子。但是最后还是见到我，那个外国人很吃惊，就特别地夸我，当时就把那个做样品的欧米茄怀表送给我。欧米茄怀表当时也是非常名贵的，我也惊呆了。

就这样，我在联合广告公司上了班。也从这件事开始，我立志什么都要做到最好，因为我有信心。

韩湛宁：就这样上班了？哈哈，您才十五六岁啊，就这样开始了您的设计生涯，真是传奇故事的传奇开端啊。

张慈中：在联合广告公司做了几年，我画得特别好，但是后来我还是离开了那里。因为当时我画的成绩还算是比较多的，这些作品都是要拿到会计那里登记，等到年底就靠这些分红。一到发分红的时候傻眼了，我拿得比别人少，干得比别人多。大概老板欺负我是小孩子，我心里就不平衡，不愿意了。那么怎么办呢，我就想办法，也想让大家和我一起去找老板要求加薪。于是自己拿钱请其他的画师吃饭，我说："我们的工资太低，我们要加薪。谁同意谁就签字，不同意的到加薪时就不包括你。"大家也都想加薪啊，想了想就都同意了。第二天我们就罢工，不上班，公司的老板心里很明白我就是主谋。老板请大家到餐馆吃饭，老板说："我一定会给你们加工资，那就看怎么个加法了，我有个办法看你们同不同意，现在你们一共八个人，谁觉得这里的工资低，不愿意在这做的，谁请便，把他的工资加到剩下的七个人的身上。"老板明明知道是我，但是我们都是一群哥们儿，其他几个都有老婆孩子，没办法，我就离开了，走时也很潇洒没什么顾虑。

那时正巧我在给一个叫"五和"的织造厂画广告，织造厂是做汗衫、棉毛衫的。我认识了这家厂子的小老板，我就问他你们织造厂门市部要不要画广告的，他当场就答应了。于是我就去五和织造厂门市部负责广告画工作。

韩湛宁：在五和的情况怎样呢？您好像那个时候还去杭州工作过一段时间，是怎样的情况呢？

张慈中：大概是1943年我去的五和织造厂，在五和厂也没做多久就又走了，大概两年吧。在那里我也画得很好，抗战胜利上海光复了，五和厂的老板就找我，让我在厂里的二楼和三楼之间画一张蒋介石的画像，我就画了，画得很大，两米乘三米，这一画出来之后整条街都轰动了。实际上我当时做得都非常好，出力最多。又到了年底分红的时候，平时的工资不多，就靠年底分红了，可是分红发下来，大家私底下一说都差不多，我又吃亏了，感觉老板都欺负人。走！我一生气就走了。

巧了！刚好这个时候杭州霓虹灯厂到上海刊登广告，要一个会画广告的人，我跑过去把我的情况和他一讲，他一看我是上海人，人又非常精明，做广告又有经验，画得又好。他说，你跟我合作好不好，我们合作开公司，你不用拿钱也不用买房子，你只要和我劳资合作就行了，现在叫智力入股吧，收入四六开，我四他六，我说好。这年年底大概是1945年我就去了杭州，工厂在杭州二环的延龄路，老板叫施增祥，工厂的条件很好。到那之后他对我非常的放心，全部放手不管，说你爱怎么做就怎么做。

韩湛宁：他不管那您怎么做啊，您是如何开始广告设计业务的呢，在杭州您人生地不熟的，怎么办啊？

张慈中：在杭州我的第一个项目就是重新设计了电话簿。当时杭州已经有两千多部电话了，我看到了那个电话簿特别差，还是油印的，我一看就觉得机会来了。我找到电话公司，跟他们说我要给他们重新设计印刷电话簿，而且要用当时上海最好的彩色胶印技术印刷，更关键的是，我是免费做这些，条件就是我要电话号码的授权书，由我独家经营这些广告权,其他的什么都不要也不要钱。当时杭州没有广告公司,他们也都不懂广告,觉得很奇怪了,我不要钱白给他们做设计和印刷,于是他们就答应了。

然后我就先把电话簿进行了设计,并且留了许多不同的广告位,做完后,我就带着电话簿去调查市场,那时只有大的商店才有电话,所以我就找商店要他们做广告。我把有空白广告样本的电话簿,拿给各个店铺的商家们看,给他们详细地解释,要他们做广告。刚开始我就挑了一家中等的商店,和他们详细谈电话簿的广告,还分析他们商店的问题,为他们设计包装纸和霓虹灯。去之前我也是动过脑子的,仔细地和老板们分析、说服,然后把草图画给老板看,结果老板非常激动还请我吃饭,合同自然也就签下了,不仅是电话簿广告,而且连包装纸、霓虹灯的设计制作也都签下来了。

韩湛宁:您太厉害了,有能力而且有胆识啊,以前看很多报道说您解放前比较讲究生活品位,穿西装和喝咖啡是"小资",我觉得您比"小资"厉害多了啊。当时您多年轻啊,才二十岁啊。您的广告经营的意识很超前啊,现在的电话簿都是这样做啊,您在六十多年前就这样做了啊!

张慈中:可谓开门红,电话簿签下了、包装纸签下了、霓虹灯签下了,有了这些工作的经验,胆子也逐渐地变大了。我又发现电影院的幻灯片不好,就去找电影院的老板,经过协商又把整个幻灯片全包了,我来重新设计制作最好的幻灯片和经营幻灯片广告的发布。我设计的幻灯片全部送到上海制作的，放映出来效果非常好，给电影院赚了很多钱，我的生意也就非常好。

就这样一家商铺一家商铺地征服，市场也逐渐地打开了，名气也提高了。但是吃亏也跟着来了，我始终不是做生意的，我所在的广告公司出现了小问题，会计是老板的亲戚，到了年底分红利的时候做了手脚。当时红利一拿到手就感觉不对劲，怎么才那么少，但是出了什么问题我不懂，查账也查不出来。我不知道会计是他的亲戚，后来有个跑街（拉广告、跑业务）的，和我的关系也不错，是他告诉我的，他说："你上当了，你不知道会计是他的亲戚，你查账是查不出来的。"原来是这样的，我心里就有数了。

霓虹灯的设计都是我设计的，因此霓虹灯厂和我收入分成有关，不是老板独有的，不久他又开了个冰棒厂，他把霓虹灯厂的资金全抽出来去开的这个厂，我后来也知道了。于是，在杭州我也就做了两年又走了，回上海了，和这样的老板合作不愉快，和贪图小利的人没法长久合作的。

从这里也可以看出我这个人首先比较意气用事，其次还算比较聪明的，第三还是肯动脑子的。

韩湛宁：1945年底到1947年底，就有那么多的故事，太传奇了。这些带给您的除了广告设计上的成长之外，也大大丰富了您的人生阅历啊。

张慈中：虽然上海经过抗日战争，但是发展速度还是很快，抗战胜利之后上海的广告业很发达，几乎全都是大公司，小广告公司很少，都找不着几家了，我也认识了很多公司老板，他们的设计都让我去做，那一段算是自由广告设计师吧。凭借这么多年的广告经验，不久在上海我就自己成立了"张慈中广告设计事务所"。还和别人共同合作一家丝漆印刷厂。厂子是一个叫朱紫贵的老板的，我们合作得很好。他的丝漆印刷水平很高，我的丝漆印刷技术也就是在这学的。这个丝漆印刷技术为我的设计水平的提高贡献很大。我觉得做设计的就是要挖空心思地想，想多了新意就出来了，不能总是吃老饭，技术也要不断地更新，这样人才会上进，才不会落后。

韩湛宁：说得太好了，做设计的确是专业，要不断出新的创意才行，不能吃老本啊。之后的情况是怎样的呢？一直到上海解放了啊。上海解放时，您当时是怎样抉择的呢？是留下了还是走？

张慈中：是啊，好景不长，两年后有了风声，听说解放军要过长江了，生意都不好做了，我们就着急了，我就一直在走与不走之间徘徊，因为我开了个设计事务所，怕不走就会被打成小资本家，走了就什么都没有了，那时商家们欠的广告费全收不上来了。整个上海全乱了，该跑的跑、该躲的躲。其实中间我有走的机会，有一家大广告公司找到我说：

"现在时局乱了，我准备了足够的钱和各种人才，想和你还有另外两家公司一起走，到了安全的地方重新开一家公司怎么样。"问我愿不愿意，我当时我考虑到还有很多钱都没收上来，还有一点，就是观望。

解放军果真不声不响地来了，其实我们的害怕是多余的。大清早起来突然看见，湿湿的人行道上睡了一排排的解放军，他们就睡在大街上，解放军真的非常好，就这样上海解放了。我躲了一段时间，发现小资本家们也都没事了，我就出来了，在百老汇大厦里继续做我的设计事务所。

韩湛宁：当时解放军真的很好，电影《霓虹灯下的哨兵》好像就讲过这些故事。新中国成立后的设计生涯应该开始了新的篇章吧。这个开始是不是从您调往北京工作开始的呢？您是怎样被调到北京的呢？

张慈中：很快上海美术家协会成立了，我凭借上海设计四小龙之一的身份加入了美术家协会。1949 年年底，新中国成立了，北京设计界要到上海去招人，不知道怎么找到了我，后来他们说，找我是因为我专业好、画得好，再一个原因是我年龄小、单身，符合条件。但是也是要通过考试的，我还记得考试时画一幅画，题目是《上海解放》，看完题目后，我用了半个钟头的时间就画完了，画完一看邹雅他们全睡着了，邹雅是北京来的负责人，后来是我的领导。当时是中午，北京来的人有睡午觉的习惯，我就把他们叫醒，他们都用很惊讶的眼光看我,看着我的画,说太好了,所以我顺利通过。

其中有一段小插曲,就是有了去北京的机会后,但是那时北京的天气不是很好,是冬天,我不愿意去。北京那边说愿意等我,到了五月份又来催我了,经上海新华书店总店再经过上海美协才找到了我家的地址,同时连铺保都找好了。铺保是当时的要求,因为刚解放比较乱,铺保就是找一家规模比较大的商店给我作担保,有问题由商铺承担。而且把我的所有需要的材料都准备齐全了。我就问去了之后有什么待遇呢?他们说:"每人都是包管制,毛巾、牙膏、牙刷都发,抽烟的发香烟、每个月三百七十五斤的小米。按规定发放。"

于是,我就这样去了北京工作,到新华书店总管理处美术编辑室工作。去了以后,问题又来了,当时在北京吃饭没有米饭,都是粗粮窝头、馒头,我吃不下去。我是南方人没有米饭不行啊,我就不想在北京待了,后来美编室主任邹雅知道了,就找我谈话,问:"你不想在北京了?"我说:"在这里连饭的问题都不能解决,我不愿意待在这里。"他什么也没说,就问还有什么意见,我说:"我的脑子晚上是要想问题的,但是他们每天晚上下棋打扑克,吵吵闹闹的也不行,我要单独睡一间房。""还有呢?"我说:"每天我这个办公桌上乱七八糟的也没有人收拾,看着都不舒服。"还有吗!没啦……邹雅就说:"三天后给你解决,解决不了你回上海。"结果三天所有的问题都解决了。米饭、卫生、安静全有了。我很佩服这位老革命老党员，他为了留住我，花了很多心思。后来还经常带我去写生画画，等等，在工作上、生活上都非常照顾我，他的为人品德非常好。

韩湛宁：听说邹雅是从延安出来的文艺干部，有着老共产党员的优秀作风。而且他的设计也非常好，我见过一幅他的书籍设计手稿，插图也非常精美。

张慈中：是啊，邹雅是延安出来的好同志，真的很好，有老共产党员的优秀品德。抗美援朝时，我第一个报名，他不让我去，说我没有资格去打仗，那是要死人的，只有党员才能去，其实我想他是要保护我，我很敬佩邹雅同志。据说后来他被派到山西去当干部，也在中国画院当院长，有一次带着学生去煤矿写生，发生了事故，结果他把学生都送了上来，自己却被拖车拖死了。邹雅真是个好同志，我非常感谢他，也非常怀念他。

韩湛宁：当时您的工作是什么样子呢？我知道您当时设计的作品非常多，不仅仅是人民出版社，好像也给很多出版机构做设计，听宁成春老师说，您还保存了大量当时的稿费单？

张慈中：是的，保存非常多。从1950年12月成立了人民出版社，我担任美术组组长直到1958年我打成右派之前，我做很多设计。在一九五几年那会儿工资还是很少的,我的收入几乎全靠稿费,大概有四十多个出版社找我设计画插图,有统计出版社、人民美术出版社、少儿出版社、经济出版社、时代出版社等等。当时我算是很有钱的了,虽然工资只有几万元,当时几万块相当于现在的几块钱。但是,我那时设计的《马列耶夫》连环画就有120万的稿费;一个封面设计费50万元;《苏联大师谈艺术》好像30万元吧;"国徽"的丝网印图案设计费有44.88万元。当时物价很低,这些钱可是不少啊。

韩湛宁:正好我想问您国徽标准色样的印制故事呢?好像周恩来总理都为此接见您了啊?

张慈中:1950年,当时国徽刚设计出来,也刚刚通过,国家领导人都很想早些看到印刷印制的成品,很多国际国内场合都要用,但是国徽这个标志颜色,印了很多次都印不好,总是看起来色彩不鲜明没精神。这就想到了我,让我来解决,他们知道我是搞过印刷的。国徽标准印样印刷是在国家印刷钞票的地方印的,凸版印。去了之后我就把整个的制作工序看了一遍,然后就找到问题出在哪里了。我把国徽的立体稿子拿出来仔细研究,就想到可以用黄色打底,然后在不完全干的时候洒上金粉再用黄色印版压一遍,把它压牢。结果印厂的老板不相信我,不愿意让我印,我就说我是上面派来的,你看着办吧,不让我印你自己印,他也是没有办法啊，就让他按照我的方法印了。

印出来之后，他激动得自己跑来找我说你别走了，留在我这里工作吧。我没有理会他，马上回去给邹雅看，邹雅也很激动，马上打电话要了个车，说你马上送到中南海向周恩来总理汇报。我送到中南海周恩来总理的西花厅外面，交给工作人员。总理看后特别满意，就问工作人员，送稿子的人呢，说在外面，于是就出来见我，一看我这么小，总理乐了，说："还是个小鬼啊，你叫什么名字啊？"我说姓张，叫张慈中，总理就很高兴："小张同志，你拿回去给你们领导说一下，非常好。"还嘱咐我额外加印 100 张，送到他办公室。刚做完国徽的时候，供不应求，天安门、政府、机关都要挂，我就动了脑筋，用丝漆印了很多的国徽，可以挂在大厅里，结果下面很多的单位都来要。

三年后的一个冬天，在一次团中央的活动上，周总理还一眼认出了我，叫我，"你是搞装帧的小张同志吧"。三年了总理还记得我，那天我很兴奋，结果愣是把皮手套给弄丢了，哈哈。我的白米饭、单间、卫生条件单位算没白给，哈哈……

韩湛宁：邹雅的用心果然没有白费。哈哈，应该说组织上的用心培养也没白费啊，这个故事很传奇，好像您有很多作品的背后都有着传奇故事，如《毛泽东选集》《中华人民共和国宪法》《红旗》杂志、马列著作啊等等。

张慈中：《毛泽东选集》当时是让中央美院的老师先设计的，他们一想是给我们领袖设计书啊，就很花心思进行设计，非常隆重、豪华，送去后毛泽东一看不愿意了，退了回来，毛泽东批复写了八个大字："我的书是简单的好。"于是重新来，领导就把我叫去了。回来我就苦思冥想，一定要简单大气，并且要有中国的东西，要有金色，想好之后就开始动手制作了，封皮上的"毛泽东选集"几个大字是我自己写的，写好之后印了两张给主席看，毛泽东说什么都好，就缺一个五角星！于是回来邹雅建议在下面加了个红色的小五角星，果然非常传神。后来我又设计了精装本，外封上用了三朝闻做的毛主席浮雕像。

韩湛宁：之后是哪个设计故事呢？是《中华人民共和国宪法》吗，那又是怎样的背景和故事呢？

张慈中：那时我为即将召开的第一届全国人民代表大会做设计工作，考虑到代表们开会的记录需求，我就设计了一个给代表们用的笔记本，设计出来了，正好刘少奇同志来检查大会的准备工作，看到了那个本子，就夸很好，问谁设计的。大家就说是我，把我叫到了刘少奇跟前，刘少奇问我，上面的字体很好，是什么字体啊？我说是我写的，他很惊奇。又问是你写的吗？我说是我写的，他说："太好了，三天以后《中华人民共和国宪法》就要通过了，你来设计宪法的封面吧，封面字体就用这个字体。"我说好。于是，接

140 书籍装帧 ABC 文集

着就设计了《中华人民共和国宪法》。《宪法》的设计就要严肃大方，平装本用红色底写了"中华人民共和国宪法"几个米黄色大字，特别端正严肃。精装本用米黄色真丝材料，封面上端用金箔与红粉箔烫印一个国徽，下端烫红色书名，书名下"1954"压凹印。

韩湛宁：这个字体设计今天看起来，依然特别大气，并且有着严肃的美。其实这些都是您长期的设计积累出来的。字体设计今天依然是书籍设计最最重要的核心之一，我认为，另外一个最最重要的核心就是插图，而您的作品在这两个方面都表现了非凡的魅力。我见过您为《马克思画传》画的马克思像，非常精细传神。可以介绍一下吗？

张慈中：《马克思画传》也是一个故事。当时接到这个设计任务以后，我就决定封面用马克思的头像做主要的设计元素，当时主要思考用什么样的手法表达马克思像。开始想到用毛笔画，但是觉得马克思是西方人，用毛笔画太东方了，于是考虑再三，很多手法都不合适，最后我想用西方铜版画的表现方式，但是时间也很紧急，而且铜版画也不是马上想刻就可以刻出来，什么工具和材料都没有啊。后来干脆想我就用毛笔画出铜版画的效果来吧，就试着照着铜版画的效果去画了，结果一遍就画好了，而且非常好，笔触的效果非常细腻锐利，很传神。印刷出来后大家都以为是铜版画刻的。

张慈中作品

6.《马克思画传》/马克思像手绘稿

后来这本书参加德国的书展，德国方面在展览上看了书非常惊讶，有专家说封面上这个马克思像他们怎么没有见过，马克思的图片他们都非常全，怎么没有见过这个？就问我们方面参加展览的同志，我们的同志说，是我们中国的艺术家画的。他们说，不可能，这分明是铜版画啊，怎么是你们中国人画的啊？我们的同志说，真的是我们的人画的，他叫张慈中，而且是用毛笔画的。他们特别惊讶，觉得不可思议，后来就托我们的同志问我，能不能送他们一张印刷出来的，后来我送了他们两张。

韩湛宁：非常令人惊讶，我也看到您的马克思肖像手稿，真的不仔细看看不出是画的，我最初也以为是铜版刻出来的啊。您还设计了很多马列著作啊，比如《列宁全集》就是您设计的很有影响力的作品，封面的列宁像的设计，封面装帧布的材料都非常特别和出色。我知道您对装帧材料一直都有研究，您能谈谈《列宁全集》的设计吗？

张慈中：《列宁全集》的列宁像也是画的，我画成浮雕的立体感，突出列宁的领袖气质，后来就请刘开渠先生雕塑了头像，缩制成钢模，烫压出来后特别大气。《列宁全集》的设计通过后，我考虑到"全集"39卷需要出版近十年，所以选择材料要非常慎重，不仅要考虑审美品位和"全集"的匹配，而且考虑耐磨性，等等。当时的装帧材料太少了，寻找了一些都不合适，当时主要想选择漆布，但是当时的漆布油光铮亮太俗气,就想尝试对材料进行改造。于是,我就去天津和上海两地的工厂去考察工艺,进行多次改良尝试,最后将原来的底布改为布纹明显的亚麻布,将原来的八次涂布次数减少到五次涂布,最后进行一次冷压工艺,出来后的布料非常朴素大气,而且有自然的质感。进行实验之后,发现比原来实惠耐用,还可以避免涂料老化,涂布的涂料也节省了三分之一。于是我就成功地实验出了新品种"漏底漆布"。《列宁全集》的全部39卷都采用此布,这也是我为我国精装装帧材料创造的第一个新品种。

韩湛宁:您对材料和技术的研究也是非常有名的,从"国徽"的标准色稿的印刷到《列宁全集》的材料研究,还有就是您的丝漆印刷技术,包括我知道您后来还研制出了新型的 PVC 材料。这些大大超越了普通的设计家。而这些反过来也使您的设计呈现出独特的魅力。

还有您关于《红旗》的设计故事呢?那个时候您已经被打成右派了吗?听宁成春老师讲您是被《人民日报》点名的大右派啊,和另一位鼎鼎大名的书籍设计家曹辛之一起被点名啊。

张慈中:《红旗》这个设计背后就是有这个故事,当时我刚被打成右派,而且是被《人民日报》点名打成右派的。我和另一位装帧设计家曹辛之,1958年头上,被《人民日报》点名说我和曹辛之是隐藏在中央新闻出版系统内的走资

张慈中作品

7.《列宁全集》
8.《红旗》杂志

派，这样，人民出版社就没办法了，就把我们两个打成右派，天天批斗。就在我被打成右派不到一个月的时间，《红旗》杂志创刊了，他们设计了十二种封面的样子，中宣部都不同意，没有批准，后来在设计稿上批了一个"请人民出版社帮忙设计一下"，就发给人民出版社，于是社领导找我来了，我说"我不能设计呀，党中央的刊物《红旗》是一个右派设计的，不是闹笑话嘛"，领导就说，你就别发牢骚了，我来保你，你赶快设计吧。

我把《红旗》他们自己设计的杂志封面拿来看了一下，不够大气。我就想，党中央的机关刊物，一定是简练大气的，小气了不行，我发现，杂志封面上的两个字"红旗"是毛泽东写的，非常大气，于是我把"红旗"两个字放大，下面加了一条线，还有一些字母和期刊号的数字。只用了红色和灰色。就设计了一个方案，打好稿送过去，马上就通过了。后来其他报纸还有一篇评论文章，说《红旗》杂志的封面设计是"最严肃、最大方、最朴素、最美观"的。

右派与干校生涯

韩湛宁：当时的右派不是都要下放关牛棚吗？我也看了很多资料，很多文化人都是被这样的啊。您怎么会还在人民出版社呢？

张慈中：我是唯一一个留下来的。是人民出版社向上面申请特批的。因为当时有很多中央的设计任务要完成，别人设计的总是通不过,只有我的行,所以我得留下来,万一上面有任务怎么办?就这样我在被打成右派后还设计了《红旗》杂志啊,还有好多。但是我是右派啊,天天被批斗,一直到去干校。

韩湛宁:您的右派帽子戴了多长时间呀?上面什么时候给您摘的帽子呢?

张慈中:从1958年初被错划为右派,在单位也被连续降了两级。直到1979年才恢复政治名誉又重发放了被划为右派的改正书,名誉上给予恢复级别,那时我就已经去了大百科。后来我在菜市场碰见当初在报上点名把我划为右派的作者。是一九八几年,他感觉非常对不起我,对我说:"张慈中我向你沉痛地道歉!"

韩湛宁:您这个右派帽子戴的时间还是蛮长的啊。期间应该有"文化大革命"的十年吧,您那期间是怎样的经历呢?是不是又经历一场磨难?

张慈中:接着就是20世纪60年代了,三年天灾人祸造成国家经济困难,整个社会进入极"左"的时期,接着又经历了十年浩劫的"文化大革命"运动的劫难,出版业都转入低潮,大批出版社关门停业,专业设计人员下放下乡,进五七干校劳动,都被思想改造去了,那时候的出版物品种非常单一,设计作品都是政治方面的,印制粗糙,口号代替了创作……

出版系统、文化系统,北京几乎所有的文化人都被下放到了湖北向阳湖的五七干校。我也被下放到那里,我全家被下放到那里的,孩子也转到那里上学。

韩湛宁:五七干校是什么意思啊?您被下放的湖北向阳湖的五七干校是怎样的啊?

张慈中:五七干校是这样的:1966年5月7日,毛主席有个指示,提出各行各业均应一业为主,兼学别样,从事农副业生产,批判资产阶级。1968年,黑龙江省按毛主席《五七指示》精神办一个五七干校,这个"新生事物"很快推广至全国。仅中央一级机关开办的五七干校就有一百多所。

我下放的就是其中成立于1969年3月的咸宁向阳湖五七干校。咸宁向阳湖五七干校主要是来自北京的中央文化系统的文化人。沈从文、冰心、臧克家、郭小川、萧乾、陈翰伯、冯雪峰、张天翼、李季、张光年、严文井、陈白尘……一大批文学家、翻译家、学者及家属六千多人,都被下放到了向阳湖,几乎全北京的文化人都在那里了。

我们的五七干校实行军事化管理,我们被编为五个大队,都叫"五七战士,"主要任务就是从事农业劳动。这是个特殊时期的特殊产物啊。

韩湛宁：那您在咸宁向阳湖五七干校的情况是怎样的呢？吃了不少苦吧？我看了很多电影啊、文章啊，描写的干校生活都非常艰苦。

张慈中：我其实没有吃太多苦，其他同志都吃了不少苦。那么多文化人都在那里劳动改造，吃了很多苦，像冰心老人与臧克家、张天翼看守菜地，萧乾挑粪浇地，陈早春、陈白尘、冯雪峰放鸭……更多的文化人与当地农民一样围湖造田、耕田栽秧、割谷打场，等等，很辛苦。

我主要是在下面画画，画毛泽东主席像，画宣传画。当地非常需要，干校啊、当地的机关啊、工厂啊，都需要，都找我去画，所以很忙。我画的他们觉得特别好，又没有什么报酬很过意不去，就经常送我一些吃的，还有腊肉、米酒，等等，因为当时非常艰辛，送吃的已经很好了，所以我当时生活没有太受罪。我当时先是被当地公社借调去搞"阶级教育展览"搞了近一年，后又被军宣队吕政委看中，他对我说："你跟我到武钢去吧，那里太需要能画能写的人了！"我想反正也回不了北京，就调去吧，结果我是人民出版社的干部，人事调动直接归国务院管辖，调不了，就不了了之了。后来是"文革"后期回到北京的。

开拓新的书籍装帧时代

韩湛宁：您回到北京之后的历程呢？是接着继续出版设

计工作吧?

张慈中:回北京先回人民出版社工作,1979年被王子野调到了出版局工作,当时他负责出版局,他调我去负责装帧工作,主要是组织和推动全国的装帧工作。

像筹备第二届全国书籍装帧艺术展览会、筹备装帧艺术研究室、创办《装帧简报》等等,还有一个工作就是促进地方成立装帧艺术研究室、举办装帧交流活动,等等。

1979年举办的第二届全国书籍装帧艺术展览会,是自1959年举办的第一届时隔二十年的一次书籍艺术的文艺复兴。在出版局举办这次书籍装帧展,才算新时期装帧设计的开始。

我在出版局里工作了四年有余,当时的合作搭档于庆林,主要负责文字的编写。在这期间出版的《装帧简报》还是比较齐全的,这一成果对书籍装帧界的影响也比较大,因为当时没有任何协会、任何杂志、任何交流,只有这本《装帧简报》。

韩湛宁:您创办编撰的《装帧简报》可以说是那个时代的中国书籍设计最珍贵的历史资料了,当时创办的情况是怎样的呢?

张慈中:说起《装帧简报》的出版,里面也是有一定的原因的。我为什么要到出版局工作呢?也有原因,那是

1979年的座谈会，说要把装帧部门的人调来，就把我调来了，装帧和座谈会是熟悉的，于是我就想写座谈会，之后要出简报了，当时用座谈会特别组的名字，后来就改名为装帧艺术研究室部门，其实就是这个部门要我留下了继续做装帧的工作。

《装帧简报》的一系列资料保留到现在还是比较齐全的，从第二届全国书籍装帧艺术展的筹备、获奖以及出版局在北京的展览，资料全有。虽然每期的内容不多，就寥寥几篇文章，但也充分地反映了当时社会的状态，这些足以算得上装帧界的史料。

《装帧简报》的历史是由1978年开始筹备，最先从目录、简报、装帧、书籍装帧设计，又有后来的装帧，直到1980年大百科出版社调我才离开。

韩湛宁：的确如此啊，您可以说开了一个先河。这些资料应该影印出版，让更多的人了解中国书籍设计的发展历程，也让更多的人了解您兢兢业业为中国留下这些弥足珍贵的装帧史料。

张慈中：当时国家还是比较重视装帧设计的，那时候开始注重装帧交流。在参加1983年中德文化出版交流会时，国家要派三个专家去德国一个月，出版局的王子野推荐三个专家去德国，我是装帧方面的专家。由于到德国语言不通，便找杨德炎去做翻译一同去，结果他很优秀，后来被我国驻

152　书籍装帧 ABC 文集

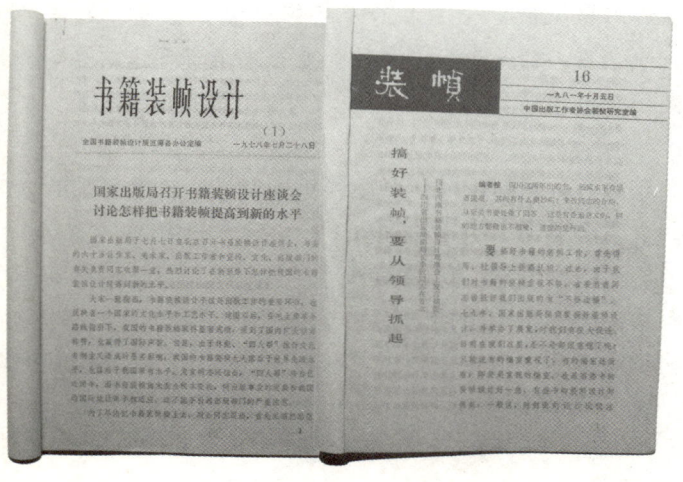

联邦德国大使馆看中，成为我国驻联邦德国大使馆外交人员，后来还担任商务印书馆领导。我在德国的一个月，收获非常大。后来我也开始推动装帧设计专业人才的出国交流和学习，让有条件的出版社都派人出去学习交流。

韩湛宁：宁成春老师和吕敬人老师两位是不是就是这个时期出去的？

张慈中：对。宁成春就是当时出版局和日本讲谈社的交流学习的第一批，吕敬人是第三批。这个方面出去了很多人，还有去不同国家，回来后对中国的出版和书籍设计促进非常大。

韩湛宁：中国装帧艺术研究会的成立是不是也是这个时间，一九八几年吧？您是主要筹备人员之一吧？

张慈中：中国装帧艺术研究会的成立，主要是当时的迫切需要，因为我们出去才发现，我们的装帧设计很落后，而我们是发明造纸术和印刷术的大国啊，我们不应该落后啊。"文革"耽误了太多，所以要赶上去。但是就是为了促进我国书籍装帧艺术，还有加强经验交流和学术讨论啊，举办书装展览啊，目的就是提高我国装帧艺术水平。

1985年，出版局和出版工作者协会牵头筹建"中国装帧艺术研究会"，先成立了中国装帧艺术研究会筹备小组。筹备小组由王卓倩、李志国、张守义、邱陵、吴寿松、郭振华、秦耘生、曹辛之、潘德润和我等十人组成。筹备组第一次会议由中国出版工作者协会副主席王仿子主持。大家推举曹辛之为筹办小组组长,寿松为秘书长,日常工作由原有的装帧研究室承担。

韩湛宁:"中国装帧艺术研究会"就是现在的中国出版协会装帧艺术工作委员会吧。您什么时候去的大百科出版社?

张慈中:当时姜椿芳筹备成立中国大百科全书出版社,就给中国社科院打报告,那时胡乔木是社科院的院长,经他同意算是正式成立了中国大百科全书出版社,当时姜椿芳是中央编译局副局长。大百科刚刚成立需要很多的人才过来。姜椿芳就要调我过去,但是出版局也不肯放人,最后想到一个方法就是"我调到大百科去,大百科的曾彦修去人民社"来个互换。这样子我才到了大百科!姜椿芳当家的时候,很爱惜人才重用人才,调了一大批的人过来,都是当时被下放下去的知识青年。后来我就一直在大百科工作了,是美术摄影编辑部主任,在大百科任职大概是从 1980 年到 1984 年退休。

我在大百科出版社主要就是编辑设计《中国大百科全书》,从摄影和设计角度进行编辑,我们设计工作者得参与编辑,大大改变了全书的面貌,《中国大百科全书》出版后反响非常好。我在那也设计了很多书,像《不列颠百科全书》《中国新文艺大系》等等。

韩湛宁：您那时就开始整体设计的方法了，这也是后来吕敬人老师总结倡导的"编辑设计"的思想。您在大百科出版社工作了多久，您那时应该快退休了吧？

张慈中：到1984年，我应该退休了，社里还是不让我走，说你走了，那些人怎么办，我们管不了。我当时把美术摄影编辑部从零开始发展到三十几个人啊。我说我已经培养了一个人——邰宗远，我就跟领导讲，就让邰宗远去管啊。我说用人就要相信他，用人就得放得开，今天他虽然只有六七分的成绩，但是您给他个位子压一压，明天他或许就可能有八九分的成绩，不用他永远也不能上得去。这么说还是又待了两年，到1986年，领导还不同意，磨磨蹭蹭到了差不多1987年才正式离开。虽然我已经退下来了，但是人事部的人找我说有大的会议时还是一定要去。退休之后我也没闲下来，有关奥林匹克等各种事情也都还在继续做。

韩湛宁：退休之后您的主要想法是什么呢？您是不是筹备北京印刷学院的艺术设计专业去了呢？您在印刷学院教书的情况是怎样了？

张慈中：印刷学院的艺术设计专业是在什么时候筹备的呢？那应该是一九八几年，我帮着筹备的。建立以后我经常去讲课。我现在只是北京印刷学院设计艺术学院顾问教授和名誉教授。

当时从中央工艺美术学院工艺系分出来成立了印刷学院，还把胡杰调了过来。当时印刷学院筹办的时候，紧缺人才，那时我还在大百科出版社工作，就去向组织要人。局里就答应把胡杰调过来。我一听就急了！就说我不只要胡杰一人，我要把他们一家都调过来，两居一套都准备好了。这样做的目的是为了"用人没有后顾之忧"，能让人安心工作。出版局听后也非常赞成我的想法，后来把他一家三人都调过来了。

　　韩湛宁：您爱惜人才的事情我也听说过不少，好像袁运甫先生去人民出版社也是您要的啊？

　　张慈中：那时人民出版社刚成立，也缺人才，我还到中央美院去要毕业生，要了袁运甫和钱月华夫妇，那时他们还没有结婚，他们刚来，什么条件都没有，我就帮忙找房子，后来帮他们办婚礼。袁运甫很好学，一次他看见我画的水粉画后惊奇得不得了，说："这个好啊！能不能教我。"于是我就教袁运甫和袁运生他们画水粉画，我教他们怎么用水粉，水粉画就是要有水气和粉气，两者达到统一。因为他在学校都是油画的画法，水粉很少画。袁运甫大概是结了婚后才走的，调走了，那时中央工艺美院庞薰琹院长筹备招老师，就把袁运甫招走了。

　　韩湛宁：您在北京印刷学院主张成立艺术设计专业，您为什么会在这样一个工科院校里成立艺术设计专业呢？它对我们国家的文化出版事业有什么样的影响?

张慈中：因为北京印刷学院是培养出版印刷人才，但是很多都不懂设计，而当时又没有专门培养出版方面的设计人才的院校。我自己的经验认为，我们需要既懂得印刷知识，又懂得设计的人才，而印刷学院已经具备了前者，所以就倡导成立这个专业，包括后来的插图绘画等，在全国率先提出将绘画与出版相结合，强调文化、科技、艺术的结合，成立后发展得非常好，人才供不应求。现在已经发展成了艺术设计学院了。

我不仅让他们招收大学生，还让他们为出版系统培训人才，刚有计算机的时候，我就觉得是一个新的设计时代的开始，就让他们与出版系统联合做计算机艺术设计的培训，提升了出版系统的书籍设计水平。

韩湛宁：退休了还做了这么多事情，您对这个出版与装帧事业的贡献真是很大啊。您是怎样看待您做了一辈子的书籍装帧的呢？

张慈中：书籍装帧是一种受制约的艺术，受书籍内容制约，受出版社的制约，受读者阅读的制约，所以必须要在制约中发挥才智。现在有人摆脱为书籍服务的宗旨，不去关心读者，是造成混乱的根源。书是为读者服务的，所以设计者要关心读者，关心书籍的内容。只有从书籍的内容出发才可以设计出打动人心的好书籍。

韩湛宁：那你总结一下您的设计思想？

张慈中：我强调，设计艺术贵在以少胜多，突出精华，留有余地，使读者能产生联想。

韩湛宁：谢谢张老师，您以近九十岁的高龄接受我的数次访谈。谢谢您。

〔第二部分〕
评介张慈中书籍装帧设计

《访美掠影》的装帧设计，好！

于 麟

请先看这幅插图，这是三联书店出版的《访美掠影》封面（装帧设计：张慈中）。倒着的摩天楼群，在乍看之下，难免不让人感到是印倒了。确实，当这本书的样书刚陈列在书架上时，就有人好心地给颠倒过来。可是，这一来书名又倒了！怎么回事？仔细一看才恍然大悟，原来栋栋摩天楼不过是水中倒影而已。

一本小书能生出这么有趣的插曲，已足以引人多看几眼，翻阅一下。于是进一步发现：书的开本很精巧，在形式上同"访美凉影"的内容相配；扉页的安排别有情趣；版式设计清新悦目；封底登载

的五种三联版新书广告，疏密布置得当，起到介绍和装饰的双重作用。一本书能靠它的装帧在人粗粗接触后就产生这样的良好印象，再配以引人入胜的书名，实在不必再担心它会被人放下不读。从装帧设计上衡量，这当然是一次成功，值得为它叫好。

尤其值得多说几句的是书的封面。当读完全书，再看看它的封面图案，我们不禁要佩服设计者的功力。《访美掠影》写了美国的发展、繁华，也写了它的痼疾和衰退。封面设计正形象地体现了这一基本思想。那鳞次栉比的摩天楼，正是美国现代城市的常见象征。然而设计工作却不为这种景象搞得手足无措，既没有把摩天楼照搬上封面，也不搞那种小动作，如把高楼画得七扭八歪，胡乱地涂抹一些不协调的色彩。设计者独出心裁地利用水中倒影，让这摩天楼倒着出现，却严格符合生活的真实。这真是高招儿，既使本书所表达的思想得到了富有创造性的体现，经得起回味，同时跟书名"掠影"也很吻合。

《装帧》1980 年 6 月

心 愿

——访书籍装帧设计家张慈中

葛运池

"中国是发明造纸术和活字印刷术的国家,我们的书籍装帧艺术理应是世界第一流的。"辞别书籍装帧设计家张慈中说,这掷地有声的话语,一直在我的脑海里盘桓。

五月的一天上午,我拜访了中国出版工作者协会书籍装帧研究室负责人、中国大百科全书出版社美术摄影部主任张慈中。我们虽是初次见面,但却像挚友一样,坦诚相见。他顺手拿过案头的一份资料给我看。醒目的标题——《在国际书展中我国书籍的装帧十分逊色》——使我黯然。文中写道:"西德法兰克福国际书展是目前规模最大的书展……在本届(1979年)书展中,中国馆赢得了最多的参观人数,产生了好的政治影响。但从书籍的印装技术和装帧艺术衡量,……跟国外差距实在太大。《法兰克福周报》曾就此评论认为,这种状况'和现实的政治状况是不相适应的'。"我抬头端详张慈中,他后倚在硬板靠背长椅上,眉头紧锁,深邃的目光注视着对面的书架——架上的图书都是由他负责装帧设计的。张慈中所以把这篇资料摆在举目可见的地方,他这是在激励自己,"卧薪尝胆"啊!

"一个发明造纸术和活字印刷术的文明古国,一个社会主义的崭新中国,书籍装帧艺术如此落后,这不但和现实的政治状况不相适应,而且也和中华民族的古老文明大不相称!我是搞书籍装帧设计的,看到人家中肯的评论,真使我羞对古人、愧见来者!"

刚进话题,张慈中就如此激动,大出我之所料。他的学生——中国大百科全书出版社美术编辑谢景臣连忙接过话茬:"张老师就要到六十岁了。他总想亲眼看到我国的书籍装帧艺术走在世界的前面,所以总用这些话激励自己,鞭策我们。"老谢边说边从书架上抽出一本张慈中设计的图书——费孝通著《访美掠影》:"你看,这本书的封面设计就很有特色。"

以浅灰色为衬底的封面上,豆绿色的高楼大厦鳞次栉比,拥挤不堪,象征着这个金元帝国的浮华繁荣;中间几条水纹一样的白线,横穿楼群而过,一直到把它全部淹没,这又象征着这个沉足巨人发展的必然结果……

"你把书拿倒了!"谢景臣提醒我。

可不是吗?这样看,楼

是正的,而书名却是倒立的;我把书正过来,可楼又倒立了!老谢刚要为我解释,我忽有所悟:这不正说明要用阶级的、历史的、发展的眼光去看待美国的繁荣和痼疾吗?灯红酒绿、纸醉金迷的美国社会,不过是浮光掠影而已!由此可见设计家的深厚功底、匠心独具,我不禁连声赞叹:"妙!真妙!妙极了!"

张慈中不以为然地打断我的话说:"封面设计不过是书籍装帧设计的一环。在书籍印制之前,要预先制订出装帧的整体和局部、材料和工艺、思想与艺术、表面与内部等因素的完整方案。使开本、装订、印刷、护封、封面、书脊、环衬、扉页、正文、插图等环节形成一个和谐的整体。所以说,书籍装帧设计是一门独立的综合性艺术。"

张慈中的指点使我豁然开朗:真是凡夫俗子不知修行得道难!我们整天和书籍打交通,但有多少人了解装帧设计家的良苦用心呢?

"因此,要把装帧设计工作搞上去,就必须提高我们的思想水平、艺术修养、绘画技巧。"张慈中接着说道,"甚至还应当掌握字形艺术,熟悉纸张、装帧材料性能,懂得印刷装订工艺技术等等。我们现在的书报杂志,字形单调,都是宋体字;封面都是胶版纸,装帧材料还是 50 年代的漆布;印刷技术和油墨质量还不高,经常达不到设计效果。这样下去,怎能赶上世界第一流的水平呢?"

这两年,为了把装帧艺术提高到一个新水平,张慈中可称是食不甘味、夜难入梦。为了创新字形,他亲自动手设计了一种称之为"书体"的字形,并一笔一画、工工整整地写了一百一十个字;为了研究装帧新材料和彩色印刷效果,就在我拜访他这一天的傍晚,他将乘飞机去上海,到印刷厂和技术人员、工人师傅一起切磋琢磨;为了使印刷用纸更为丰富多彩,就在这头一天上午,他还乘车去通县北京造纸加工厂,和技术人员一起研究分析他设计的新型布纹纸的生产工艺;为了全面推动装帧设计工作的发展,他周游祖国各地,调查研究,组织指导,总结经验……他就是这样地在做着一些默默无闻的垫石铺路的工作!

"您整天这样奔波劳碌,还怎么搞设计工作呀?"

谢景臣插话说:"张老师这三十多年来大约搞了近千种的书籍装帧设计,但这几年搞的是少了一些。尽管如此,他还是取得了不少新成就。"

1979年6月,张慈中和谢景臣来到安徽绩溪海丰印刷厂,为印制我国第一部大百科全书的第一卷——《天文学》而日夜操劳。八月酷暑,十月秋风,腊月寒冬,他们每天鸡鸣即起,子夜"枕戈",经常为一个字、一张图、一幅照片,反复推敲,苦心斟酌。说他们是废寝忘食,绝非夸张。辛勤的耕耘,心血的浇灌,开出了鲜花,结成了硕果。《天文学》卷刚一面世,英国著名科学史家李约瑟(Joseph Needham)和萨尔特(Michael Salt),就高度评价了这卷书。在书籍装帧方面,李约瑟等赞扬道,"这卷书质量精美","印文整洁醒目","众多的照片和图表,质量之好令人称赞"……这是张慈中和他的同事们两年多"卧薪尝胆"的结晶呀!

我既为张慈中取得的新成就而兴奋,也为他近两年的设计少了一些而惋惜。

张慈中复又激动起来:"这两年我自己搞的少,就是因为我们落后!要尽快赶上去,就不能再让他们(指谢景臣等)这一代人像我那样,用三十多年时间才得到这么一点点经验!"

张慈中自幼家贫,小学毕业即中途辍学,靠画广告、搞设计自食其力。新中国成立后,他来到北京,在人民的第一家出版社——人民出版社搞美术工作。他画过油画肖像画、宣传招贴画、连环画、年画、地图等。就这样,练就为多面手。后来,他就任美术组长,专门负责书籍装帧设计。尽管他舍不得丢下美术创作,他还是以党的需要为己任,并决心干出名堂来。稍有闲暇,他就跑图书馆,博览古今中外图书,钻研装帧艺术。当时出版的一些政治理论经典著作,其中有不少装帧设计就出自他的手笔。为了促进我国装帧艺术的发展,1957年他曾在《人民日报》发表文章,在全国美术家协会装帧会议上畅谈见解,提出了组织队伍、培养人才、搞好研究等八项建议。岂知这却招来灾祸,使他蒙冤受辱。十年动乱中,他又学国画、搞书法,然而不久又来了个批"黑画"!他因郁成疾,身染肝炎,愤怒得要把一支支用几十元血汗钱买来的如椽大笔和蝇头狼毫统统烧掉!粉碎"四人帮"后,张慈中政治上翻了身,艺术上也翻了身。他像三十多年前刚解放时那样,找到国家出版局老局长王子野，请求工作。王子野很懂艺术又很爱惜人才，就让他来局里负责筹组书籍装帧研究室。

"党把我放在这个位子上，不仅仅是落实政策，而是相信我能挑起这副担子。所以我不能孤军奋战，只埋头搞自己的设计，而要用五六年的时间改进我国的装帧工作，让下一代人掌握并超过我几十年得到的东西。这样，我们国家的装帧艺术的发展才有希望！"

谢景臣接着说："张老师每逢新年都是第一向我们道喜，第二给我们敲钟。鼓励我们一年来的进步，又提出来年奋斗的目标。今年，张老师很明确地向我们提出，要达到世界第一流的水平，还剩三四年了！中国女排靠拼搏精神上去了，我们怎么办？"

"怎么办？干！"张慈中斩钉截铁地说，"现在我搞的工作，主要是组织队伍，办好装帧设计刊物，筹办一年一度的书籍装帧展和评选，搞好理论研究。我是敲锣打鼓搭戏台的，威武雄壮的大戏要由他们来表演。我的心愿，就是要带着他们一起到世界书籍舞台上去夺标！"

《机械周报》1981 年 6 月

别具一格的书籍装帧

李培戈

中国文联出版公司即将出版的《中国新文艺大系》的装帧设计,是本着既要体现中国新文艺发展的光辉成就,又要具有中国民族特色的原则进行的。经过一年多的时间,设计了三十多个方案,征求了多方面的意见,最后选定了我国著名书籍装帧设计家张慈中同志设计的方案。

这套书的封面采用国产涂塑纸装帧材料,上面是烫压的一个凹陷的图案纹样,它像敦煌壁画中飞天的飘带,又像唐代绘画中飘舞的彩绸,流动的线条构成一片仿佛是上升的气浪,迂回在整个封面上。它象征着中国新文艺六十多年来曲折发展的道路,体现了新文艺顽强地向上发展的精神。整个封面以藏青为底色,富有典雅气质,是中国人民所喜爱的民族传统色彩。再加上金、红两色相配,更增加了庄重的风度和活跃的气氛,也产生了富丽堂皇的效果。

全套书以各辑底色不同造成

分辑的区别，而且纵横又都能成套，全套书各辑的每集书脊上都设有统一在固定位置、规格一致的红色块，排在书架上，通观全书，五辑底色不同，然而有一条笔直的红色带条整齐地贯穿一百多集套书，全长可达四米，形成洋洋大观。

《北京日报》1984 年 10 月

把晚年奉献给下一代

徐良瑛

阳春四月,在劳动人民文化宫书市上,荣宝斋、旅游教育出版社出版的《学生知识画库》举行了首发仪式。中学生、小学生熙熙攘攘地围在柜台边,一位花白头发、身体瘦弱的老人脸上堆满了笑容望着孩子们。他,就是《学生知识画库》的主编张慈中。

张慈中是大百科全书出版社编审、书籍装帧艺术家,今年64岁,他向记者介绍了《画库》的编辑情况。

《画库》以优美的图片和百科式条目的文字向青少年介绍中外古今人类文化和自然界的各种知识,是一套融思想性、科学性和趣味性于一体的图文并茂的知识读物,这套《画库》有16个方面的选题,120辑左右,每辑16张,预计两年半左右出齐,选题涉及地理、生物、历史、文教、艺术、科技、其他等七大类。地理部门包括中外名城、名山、江河湖和自然保护区等,生物部分包括中外珍稀动物、世界名猴、中国名蝶、名花、名鱼等,艺术部分包括电影、雕塑、绘画、舞蹈、建筑……

在一般人的心目中,为孩子编书和写书不过是个小儿科,身为大百科全书出版社的高级美编怎么会选了这个题目呢？张慈中说，他小时候是通过连环画、洋画片扩展视野的，懂得它们对儿童的意义。近几年，他见到能够引起少儿兴趣的知识读物不多，低级趣味的读物却充满书摊，严重地侵蚀着孩子的心灵。他深感自己在出版战线上工作了四十年，有责任为少儿提供大量的有益的精神食粮。尤其是他发现和他接触过的一些中学生知识面很窄，这便引发了他编辑《知识画库》的愿望。

去年 7 月，他退休后就立即投入这项工作，他花半个多月的时间，仔细研究了高小至初中三年级的课本，在征求教育界和中学生的意见后，拟出了选题规划草案。三个月后印出样子，又去征求老师和学生意见。学生们普遍喜欢趣味性强的、图像美的内容，而对一些较高层次知识内容，例如"世界著名音乐家"等不大喜欢，张慈中只好忍痛割爱。他认为，我国是出版儿童图书最多的国家之一，但其中有相当一部分是大人从对孩子灌输知识的角度出版的，是大人感兴趣，而不是孩子感兴趣。他说，把文化知识寓于真实鲜明的形象，是沟通孩子心灵的最好语言，比起一味灌输知识的文字图书更能引发孩子们求知的兴趣，达到教育的目的。因此，他三次修改选题规划，待以后情况变化后再选编较高层次知识内容，扩展知识面。

对于这样一项多辑、长时期出版的画库，很多老朋友提醒张慈中不要搞，担心亏了本。张慈中和出版单位研究后，决定还是要把社会效益放在首位，大家同心协力，把编辑、出版、发行各个环节的工作花大力气搞上去，那么就一定会有经济效益。

　　书市上一位带孩子买书的教师，见到《画库》编辑规划中有"世界知名大学"，就对记者说："张主编做了一件大好事，造福后代，功德无量。"这位教师的赞语代表了教育界、出版界对《画库》的评价。

　　《画库》的组稿、编辑、审读工作，张主编一直夜以继日地进行。最近香港三联书店总经理兼总编辑董秀玉对知识画库选题很感兴趣，与张慈中商谈了合作事宜。

　　学生、老师、出版界对张慈中工作的支持和鼓励，使他忘记了疲劳，他对记者表示："把晚年献给孩子们的心愿越来越坚定了。"

　　　　　　　　　　《中国文化报》1989 年 5 月 31 日

经典著作装帧艺术的高手

张慈中是新中国培养起来的第一代自学成才的装帧设计家，长期在人民出版社工作，后调到中国大百科全书出版社。四十年中，他为1000多种图书装帧设计，尤其擅长精装，在马列经典著作、政治理论书籍和国家重点出版物的设计上成就突出。他在五六十年代设计的《列宁全集》《资本论》《马克思恩格斯全集》《李大钊选集》，70年代末80年代设计的《中国大百科全书》《当代中国丛书》《中国新文艺大系》《中国出版年鉴》等，都以结构严谨、艺术语言朴实、格调简洁高雅，且善于调动工艺手段著称。如他设计的《中国出版年鉴（1980）》的封面，用画面分割去进行纹样或文字的装饰处理，取得了较好的效果。他设计的特装本《资本论》，护封为米黄色，上方有马克思像，像下"资本论"三字一行排开，最下是一道粗金线绕过全书。书脊上只有"马克思资本论"六个字，均为宋体，以大小相区别。封面为红色织物，上方在黑条中突出书名。整个设计朴实、大方、庄重，符合马克思主义经典著作的风格。这类书是最难设计的，能获得成功很不容易。

1983年10月，张慈中以装帧专家身份赴联邦德国考察。回国后，他多次在讲学和撰文中强调，装帧设计要从

常规的局部的单一的分割设计，转变为装帧整体设计，使设计、材料、工艺达到和谐的统一的艺术效果。并在《当代中国丛书》的装帧上首作示范，写出了《装帧整体设计规划书》，对开本用纸、装帧材料、印装工艺、排版格式、装帧艺术风貌等要求都作了原则的规定。这在中国装帧设计工作中还是首创。

几十年来，张慈中始终把视角紧盯着改革装帧材料，多次到装帧材料生产厂与工人们一起研究和试制新品种。50年代，他建议试制生产漏底漆布成功，首次用在《列宁全集》上；70年代，他建议试制涂料颜色花纹纸成功，广泛应用于精装、平装书上；80年代，他建议试制PVC封面材料成功，为精装书封面采用。

张慈中还是一位装帧事业活动家，为改进装帧工作、提

176 书籍装帧 ABC 文集

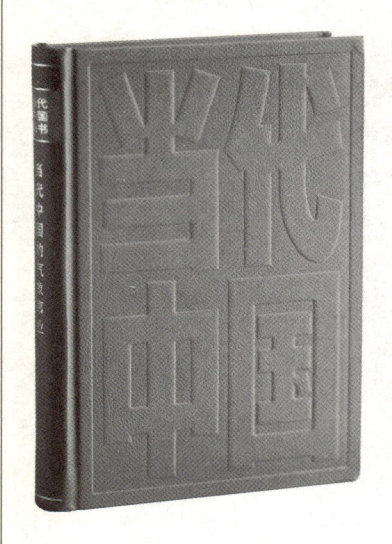

高装帧艺术水平而四处奔波。早在 50 年代中期,他就联络各出版社的装帧设计积极分子,开展作品观摩、经验交流、学术探讨等活动。为了重振书籍装帧艺术,1978 年,国家出版事业管理局成立了书籍装帧研究室。张慈中来此工作,参与筹备全国书籍装帧设计展览,编辑《书籍装帧设计》刊物(后来更名《装帧》),经常报道装帧界动态,发表学术论著,对沟通全国各地装帧工作情况,促进装帧艺术理论及设计方面的探讨与交流,都起了一定的作用。

《当代中国丛书·当代中国的出版事业》1993 年

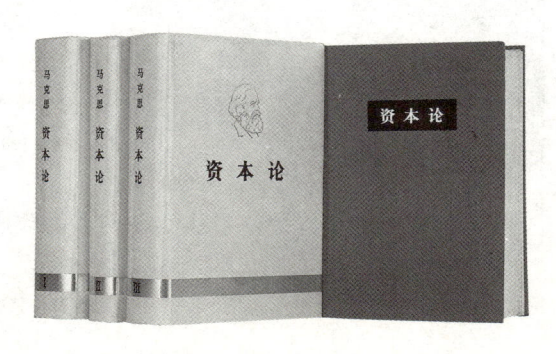

不懈的追求

——记著名装帧艺术家张慈中

陈复尘　陈之光

"我是一位只有高小学历的美术编辑，而在书籍装帧艺术界已度过了近半个世纪的时光……"这是著名装帧艺术家，中国大百科全书出版社美术编审张慈中先生，在北京印刷学院电脑美术专业培训班毕业典礼上作自我介绍时的开场白，他的话使许多才华横溢的装帧艺术工作者都惊愕了，因为，张慈中在他们心目中是一位学识渊博、造诣很深的装帧艺术家。

苦　旅

57年前，张慈中高小毕业，遇上海"八·一三事变"，只好辍学。而他凭着自己的聪慧和顽强的毅力自学美术，两年后闯进东方大都市上海广告美术界。白天他在广告公司从事广告美术设计工作，晚上在灯下熟诵《古文观止》和补习英文，他含辛茹苦地修炼，凭自己深厚的功力，先后在广告公司、织造厂、印刷厂担任美术绘图员、主任和顾问，在上海广告公司和厂家，成为自由撰稿人，为各大广告公司和厂家设计各种美术广告，直至1949年年底。

苦难的旧中国，张慈中一方面为糊口养家求生存，一方面立志在广告美术界有所成就，所以，他拼命地学习商业广告美术，如黑白广告画，路牌广告，幻灯广告，商标和商品包装美术设计，橱窗广告和建筑装饰设计以及各种展览美术设计等，因此，他打下了深厚的美术设计功底。

上海解放时，张慈中沉浸在一片欢乐之中，为表达他对新社会、新中国的无限热爱。他仅用 4 天时间画出了一幅 4 米高的毛泽东主席头戴八角帽的肖像，得到党内外朋友们的赞许。

新　生

张慈中怀着强烈革命热情，于 1950 年春调到北京。开始，他在国家出版总署的新华书店总管理处美术室任美术编辑，画伟人像、年画、宣传画和图书封面插图等。他参加了《毛泽东选集》的装帧设计和印制工作，还参加印制中华人民共和国国徽标准样的工作。由于他熟知制版工艺，对国徽的制版工艺提出了改进意见，提高了国徽的立体效果，得到不少艺术家的赞许，组织上因此派他将印样送到中南海，请周总理审阅。

创　造

在革命的熔炉中冶炼，在文化界美术界的领导和专家的熏陶下，张慈中在书籍装帧设计工作中出现了巨大飞跃，完成了一件又一件不平凡的设计工作。

1950年12月，人民出版社刚成立，他先后担任美术设计组组长，一直到1957年底，在7年多的时间里，张慈中为人民出版社、三联书店，世界知识等多家出版社设计和创作了近500件封面，同时还为其他单位设计了图书封面和插图100多件。他早年设计的《列宁全集》《马克思恩格斯全集》《中华人民共和国宪法》和《马克思画传》等一批重要政治书籍封面，受到出版界老一代领导的好评，被人民出版社评为一、二等奖。从那时开始，张慈中为他今后几年创作、设计严肃图书的封面，奠定了良好的基础。

考　验

1957年，张慈中被划为右派，但他并不由此萎靡，依旧满腔热忱地爱恋着我国人民出版事业和装帧艺术，从1958年至1978年间，张慈中先生承担了重要图书装帧设计工作，成果显著。期间完成了300种左右的图书封面创作。包括《马克思恩格斯全集》和《列宁全集》特藏本，《李大钊选集》《资本论》《费尔巴哈哲学著作选集》《列宁选集》《世界通史》以及一批各国共产党领袖的言论集等精装本，其中部分书参加了德国莱比锡1959年国际书籍艺术展览。

1958年，张慈中为《红旗》杂志设计的封面，出版后受到党内外人士好评。同年《装饰》杂志还著文称《红旗》杂志的封面："是近年来，理论刊物封面设计中最严肃、最大方、最朴素、最美观的一种。"而1964年设计的由中宣部审定的《新人新作选》多卷本的封面,则体现出张慈中在运用民族性和时代性上有了突破。

他为出版好中国大百科全书《天文卷》,离家三个月,赴安徽绩溪海峰印刷厂,蹲在车间与厂领导、技术人员、工人同吃同住,废寝忘食地解决排、印、装中出现的各种技术问题。当《天文卷》样书带着墨香摆在各位著名学者专家面前时,他们各个称好,英国自然科学史学家李约瑟还著文称:"中国大百科全书《天文卷》的图片,设计印刷很精美。"同时也博得了我国出版界和印刷界权威人士好评,且分别被评为全国装帧版式设计优秀奖和印刷优质奖。

张慈中数十年来,在出版事业上作出的成就,得到了党和政府的表彰。

1992年国务院表彰张慈中在我国出版事业上作出的突出贡献,给予他特殊津贴证书荣誉。1993年党中央、国务院召开大会表彰从事中国大百科全书编纂出版等方面的工作人员时,他还受到江泽民主席和李鹏总理的接见。

希 望

张慈中先生今年已73岁,但他仍天天在自己的工作室内,为一本本新书封面设计而忙碌,并时常到他兼职的北京印刷学院的艺术设计系看望教师和学生。时光流逝,几十年过去了,老艺术家张慈中在装帧艺术界苦苦追求了四十多年，如今已功成名就，但他并不满足已取得的成就，还在不断地追求更高更新的艺术境界。

《北京日报》1996年4月12日

一片丹心向阳开

——访书籍装帧艺术家张慈中先生

李城外

在我国书籍装帧艺术界，张慈中先生无疑称得上是位"大腕"。只要我们留心回顾他走过的艺术道路，自然会发出啧啧赞叹：建国之初，他就参加了《毛泽东选集》的装帧设计、中国向外国元首递交的国书"大使证书"的设计和印制国徽标准样的工作；后来，他又为《马克思恩格斯全集》《列宁全集》《斯大林全集》《李大钊选集》《中华人民共和国宪法》等重要图书制作了一件件庄重、典雅的"外衣"；1958年，又被选中担任《红旗》杂志的封面设计。更值得称道者，中国第一部大百科全书的总体设计，也是出自他的手笔！欣欣然，他还为装潢《资本论》和《随想录》冥思苦想，为"打扮"《中国出版年鉴》《当代中国丛书》《中国新文艺大系》和《中国现代学术经典》而绞尽脑汁。据不完全统计，从上世纪50年代至今，他为"人民""文学""三联"和"大百科"等四十多家出版社设计的图书封面达上千种，并多次获奖。就在几个月前，曾下放向阳湖的杨德炎先生得知我性好藏书，热情寄来一本富丽堂皇的《商务印书馆百年纪念书画集》，我打开一看，书名是请赵朴老题的字，封面设计呢？还是张慈中。

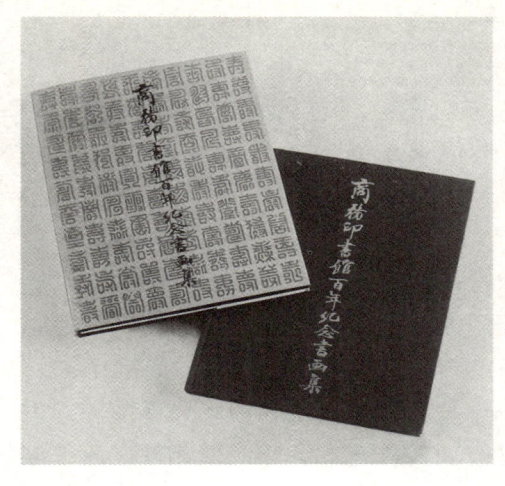

同商务老总杨先生一样,张先生对咸宁和咸宁人怀有一种特殊的感情。"文化大革命"中期,他带着妻子余美珍和儿子辰五、女儿珊珊,随人民出版社的同事下放文化部干校,在汀泗桥的凤凰山"安家落户",度过了一段"亦苦亦乐"的日子。近年来,打听到他家的地址后,我便陆续寄去不少有关开发向阳湖文化资源的文章,请他指正。张先生很快回信说:"当年文坛群星蛰伏向阳湖,在华夏文明史上从未有过,以后也不可能有了。你组织当年亲历者将这一特殊历史现象以各种形式记载下来,确是一件有意义的文化建设,搞好了,是一份文化史实遗产,留给后辈有用。"因此,当他在电话里听说我已从鄂南远道来京,表示也正想见见我。于是,在一个满天星辰的晚上,张先生特地放下手头紧张的工作,欢迎我来到他的"大雅之堂"。

　　他今年已七十有四,虽然看起来面部显得过于清瘦,但精神特好,和人聊天莞尔一笑时,眼镜里还会折射出祥和之光,加上半秃顶的脑门背后留着一头稀松的长发,让人体会出一种老艺术家特有的"派"。不过我觉得,最能说明张先生"神韵"的,还是他家墙壁上悬挂着的一幅友人赠书——"腕底春风"。

回忆起咸宁往事,张先生首先提到的是另外两位"腕"级美术设计家——邹雅和曹辛之,他叹息前者从干校回京不久因公殉职,后者也于前年积疾而终。我接过话题,说自己曾读过王以铸先生的《咸宁杂诗》,其中"记合作山水图事"有云:"欲别凤凰山,拟写凤凰图。同志三五人,经营费工夫。每有新意出,叩门辄相呼。落笔凝意匠,粉本(草稿)十幅余,慈中工点染,道弘擅行书,图成双美具,况兼意义殊。后值老邹来,为我裱清糊……"张先生听了补充说,邹雅担任过人民美术出版社副总编辑和北京画院院长,曹辛之是中国版协装帧艺术研究会会长,两人在同行和读者中留有不少"口碑",真是令人怀念。

就在这时,一串电话铃声打断了我们的谈话,原来是张先生的女儿(现在京城某汽车集团工会任职)得暇问候父亲。老人十分高兴,正好顺便叫她"和咸宁的同志叙叙旧"。我连忙按下电话上的"免提"键,开始记录,没想到这位大姐不谈则已,一打开话匣就聊了半个多小时。她诚恳地说:"我一直视咸宁为第二故乡,因为它给我的教育不少。农村同学淳朴、自尊和以诚待人,影响了我们城里来的学生……"她当年十五六岁,在汀泗中学初中"插班"读书。1970 年 4 月 22 日,我国第一颗人造地球卫星上天,同学们闻讯后热烈欢呼的情景,至今还浮现在眼前;她还担任过宣传队长,和同学们奔赴向阳湖大坝的工地上,为上万民工演出样板戏片断,受到好评;她也曾"为北京来的同学挣面子",在乍暖还寒的初春,第一个挽起裤腿,赤脚跳下泥溏,担淤泥用于积肥;因劳动有感,她在一篇作文中真诚地写道,"人的衣服脏了,可以洗;人的思想脏了,会变修",被老师打了最高分,当作范文宣讲。在校才一年多时间,她和乡里的老师、同学结下了难舍难分的情谊,听说她按政策规定,要提前调回北京,全校师生一齐赶到汀泗桥车站送行,有几个和她要好的女同学还与她抱头痛哭⋯⋯

张先生听罢,笑道:"这可是干校的人难以享受到的最高待遇,我们后来返京可没这种场面!"看得出来,张家的"父女情深"非同一般。他认真仔细听完我们的对话,然后激动地对女儿说:"姗姗,你今天谈了这么多,说明你没忘掉过去,我感到欣慰。爸爸没有留给你什么东西,但你和我一起在咸宁呆过,这也是一笔财富!因此,我送你两句话:人生在世,一是要勤奋。每个人的智慧都从努力中来,人家不愿做的,你做;人家没干过的事,你敢干。不懂就学,不懂就问,自找苦吃,才能不断提高自己。知识的矿藏太丰富了,就看你有无兴趣吸收,人生历程贵在不停步,一直走到头。二是千万不要忘记你周围的人。一个人在社会要靠大家的支持才能成功。周围的人都和自己有密切关系。我们与人打交道,只要你讲奉献,总会得到回报。我的才学也不是从大学学来的，而是博采众长吸收来的……"

　　我还是第一次被这种"现场授课"的场面深深打动，由于是"亲情的倾诉"，便不存在半点说教的意味。张先生放下电话，接着对我说："我们在咸宁的三年，可谓弹指一挥间，但对咸宁的风土人情，一草一木留有深刻印象。例如，当时上面组织送戏下乡到农村，四周村邻的男女老少纷纷赶到，那种热闹的场景，是在大都市里难以想象的，还有咸宁的熏鱼、腊肉和米酒，独特的香味令人回味。所以，我总觉得，一个文化人应该有自己的民族感情，都是自己的同胞，为什么城里人和乡里人有隔阂呢？农民不种田，你城里人吃什么呀！"我插话道："近两年我采访了不少下放向阳湖的文化人，他们都有同感。"张先生便笑道："我看了你写的系列文章，年长的和知名的基本上都找到了，你这是'抓大放小'，作法是对的，但思路还可以更宽一些。你有了好的'点子'，还要细心、实干。我曾向人民出版社社长薛德震同志建议，'什么时候你开个头，联合联合，我们去咸宁搞文化扶贫，也为当地建设作些贡献。'因此，你热心于向阳湖文化这项事业，可以说北京有众多的'后盾'！"

　　张先生的支持和鼓励，使晚辈倍感亲切。我又介绍了自己正在抓紧编写两本书（《向阳情结——文化名人与咸宁》和《向阳湖文化人采风》），想请他拨冗设计封面及装帧。我十分幸运，老人不仅马上爽快答应，还风趣地对我说："一个人从早到晚都离不开我们搞美术设计的，早晨起床刷牙，牙膏上就有设计；抽烟，烟盒上的图案少不了美工……

所以，我一向强调，搞美术的要重视书籍装帧，使其'长相'动人、迷人，让人一见钟情，非掏钱买不可。这就要求设计内涵的意境要深，经得起品味。如果一本书内容好，设计不对路，读者也会倒胃口的。我国有几千年文化，现在国际之间的文化交流日益频繁，搞书籍装帧更要不断追求高质量，要有为国争光的气度。"

装帧艺术家不愧为信守诺言的君子，我回温泉不多时，他就挂号寄来两书的封面设计，并谦虚地征求我的意见。我欣赏之时，爱不释手，感到一股清新、淡雅之风迎面袭来。可不是吗？因为两书各有上、下册，在设计封面时，张先生别出心裁，考虑既可单一看，又可上下册放在一起看，使四本书连成一个大整体，而在风格和情趣上讲究一致。于是，他避免当前不少设计家喜用时尚色彩和烦琐表现手法，以朴素、清淡的艺术品位为主，以黑白强烈交叉为神，画面用简

单的素描，比拟6000余名文化人二十多年前的旧情旧景和当前的精神气质。这样，《情结》（曹禺题字）上下册封面的图案便分别是，阳光下的向阳湖，文化人正在放鸭或牧牛；《采风》（张光年题字）上下册封面展现的是"竹影摇风"和"劲松新秀"，寓示着文化人的高风亮节和坚贞品格。

　　严谨、认真、负责的张先生还附言说，他希望《采风》一书出版时，附上采访对象的近照，使老同学、老同行、老朋友和新读者都增添一份深情和亲近感。末了，还题写了一幅字："水波竹影向阳湖，不是故乡似故乡。"——张先生的这一片丹心，都是因为那段解不开的"向阳情结"啊！

《咸宁日报》1997年12月27日

别具一格　独具特色
——《心灵与形象》

章桂征

我高兴地收到张慈中先生赠我的大作《心灵与形象——张慈中书籍装帧设计》一书，看了几遍，仍然余音袅袅。

张慈中先生的装帧作品，曾经影响了一代人。我衷心地祝贺这部具有史料价值与艺术价值的著作出版，同时也热烈地祝贺"《心灵与形象》——张慈中从事装帧工作五十年座谈会"在京召开，并代表吉林省装帧艺术界的朋友们向他深表敬意，祝他艺术青春常在，祝会议圆满成功。

别具一格、独具特色的《心灵与形象》，称得上是装帧艺术中的装帧艺术精品，其简炼的装帧艺术论述深化了装帧艺术理论，在本领域具有开拓性的贡献。而收入的装帧艺术作品，有着较高的创作难度，是重量级的设计，代表着国家水平。张慈中先生的理论见解与设计实践，在他所涉猎的学科中，具有领先地位，既使进入新的世纪，仍不失其超前本色。这些都是值得我学习的。

我和张慈中先生相识是在1979年第二届全国书籍装帧艺术展览会期间，那时由他负责组织全国性的装帧艺术大展。他待人热情、痴心事业，辛勤务实以及卓有成效的组织

190 书籍装帧 ABC 文集

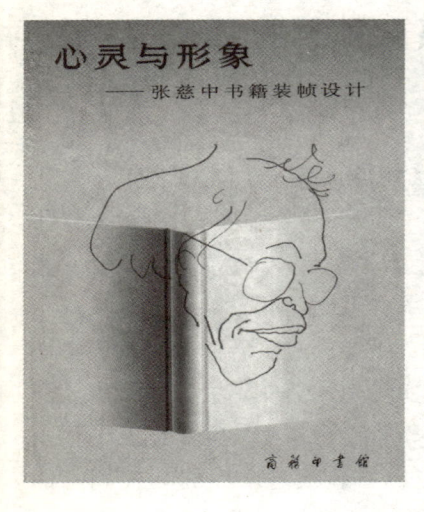

能力,都给我留下了深刻的印象。之后,他对改进全国的装帧设计工作和提高装帧艺术水平,提出了许多颇有预见性的措施,从而使得装帧艺术领域的学术活动空前活跃。张慈中先生是一位事业心很强的人,他为把全国各地的学术活动逐步开展起来,一步一个脚印不停地做各方面的工作,他曾多次动员我省与辽宁、黑龙江首先召开东北三省装帧艺术研讨会,进而又促进华北地区与东北地区的联合。紧接着,他又动员我省率先成立省级的装帧艺术研究会,以此来促进兄弟省市艺术活动的开展。他连续组织三次全国性的优秀装帧设计作品评选。他多方面征求意见并选出十位中青年装帧艺术家,总结他们的创作经验,通过他

创办的《装帧》活页，印发全国。此事曾在装帧界产生强烈反响，使得有关方面开始对装帧艺术人才重视起来。这里需要特别指出的是：这些艺术家后来都发展成为装帧艺术界的骨干力量。

张慈中先生重德重才，他对中直和各省市中青年装帧艺术家所取得的任何一项成绩，都看作是装帧界所取得的成绩，他从内心感到由衷的高兴，一是鼓励，二是宣传。他从不难为人、排斥人、嫉妒人、打击人，他总是像位学术型的宽以待人的长者，从来不知道"权术"是个什么东西。

二十年来，我经常向张慈中先生请教，他每次都以那种"装帧迷"似的幽默感，满腔热情把真知灼见讲给我，使我受益匪浅。

张慈中先生的装帧艺术作品，风格高雅，自成一家。当前在装帧艺术领域，新潮、流派五彩缤纷，我认为各种艺术风格、多种创作意识应当并存，取长补短，任何人的主观倾向都不是评价的标准，必须经过广大读者和市场效应的考验之后，才会有顽强的生命力。张慈中先生的装帧艺术作品，是经受住了这种考验的。

别具一格　独具特色——《心灵与形象》

"金无足赤，人无完人"，张慈中先生也有他自身的弱点和不足，但五十年的坎坷艺术生涯已强有力的记录下了他的人生轨迹，张慈中先生不愧为贡献卓著的老一辈装帧艺术家、理论家、社会活动家。

最后，我用张慈中先生在《心灵与形象》——书中的后记小语来结束这篇书面发言："我深信，既然在社会上生活，就得为社会做工作。天资有差别，机遇也不同。尽力尽责做工作，就无愧一生了。"

2000 年 8 月

全方位的装帧艺术家张慈中

张进贤

张慈中先生是新中国最为著名的装帧艺术家之一。他大半生献身于装帧事业，勤于实践，勇于创造，善于思考，升华理论，他热情饱满，积极参与并组织装帧学术交流活动及装帧队伍的建设，完全可以说他是位少有的全方位的装帧事业家。他的精神值得学习与发扬，他的艺术成就值得研究探讨，从中总结出宝贵的经验，对当今装帧事业的开展将会起到指导与促进作用。

（一） 脚踏实地　刻苦钻研

张先生自建国起就投入到装帧事业中来，至今已五十余年。新中国成立前，我国尚未建立装帧学科，也没有建立起专门的队伍，多是画家、文学家兼之，故而也就没有一套现成完整的设计理论与经验。张先生在接受装帧工作之后，全心扑入，运用已往的美术基础，结合图书特点与要求，进行实践摸索、思考总结，逐步找出装帧艺术所应遵循的轨道。即要熟悉作品内容，找出与之相吻合的表达语言与之相适应的艺术形式，在此基础上总结出其艺术规律，并把它升华到理论高度，形成一家之说。

在此理论的指导下，他的设计进入到自由王国，成为自觉的理性行动，排除了盲目性与随意性。但又不失其设计者的激情及思路发挥，而是两者的结合，即理性加感情，汇成蕴藉深广的内涵。

张先生的一批成功之作，多是饱含着丰富的寓意性与象征性，耐人寻味，经得起时间的检验。装帧家们有一个共同的体会，那就是对硬性的政治理论、经典文献读物的设计深感难度极大，常常为设计的一般化而苦恼。而张先生却能较好地把握，作出恰当的处理，其设计呈现出简洁高雅的格调，鲜明的个性引人注目。

我与张先生相识于 1965 年，同在人民出版社共事，我视他为良师益友。我曾目睹到他严肃认真的工作作风及精益求精的精神，我为之感染。在工作上有时向他讨教，他毫无保留，向他求助他及时提供，没有自居盛气，颇好接近。

装帧设计是思想性、艺术性、技术性三者的结合，设计稿只是半成品，其成品则是通过制版、印刷、装订工艺流程，完成后才能得到体现。因此说作为一位真正的装帧家只有熟练的绘画能力是不够的，必须具有制印装订的知识，并能掌握与运用材料及工艺性能，才能达到预想的效果。张先生是熟知其理的，并有着驾驭的能力，所以他的作品给人以整体完美之感，称得上书籍艺术。

他为了使书籍设计达到尺度精确，对细节也是深入钻研，找出数据。如书的背脊有方脊与圆脊，设计者在封面设计中是必须要考虑的一点。方脊较易掌握其尺度，而圆脊的尺度却常常引起设计者的迷惑，难于确定，而张先生通过自己的实践总结出一个计算公式，即"除四乘三"的方法，而得圆脊的尺度。此虽是区区小处，但确能解决设计中一项实际难题。而这恰是大多数设计家们所不为，由此可看出张先生在书籍设计方面的用心之宽广与细微。

（二）注重理论　观念明确

张先生在装帧理论上的见树也是极为宝贵的，他与邱陵先生都为此作出了贡献。他的独到见解集中体现在近来出版的他的作品集之中，虽是语录式的简短文字，却能集中概括他的理解与认识。他首先提出要建立具有中国特色的装帧艺术，体现出他的远见卓识，在当前大刮洋风之际，具有现实意义。其他，他对装帧、装帧艺术、装帧设计的含义，作了明确的界定，澄清了出版装帧界长期存在着的一些模糊认识，也是非常有益的。

（三）热忱装帧　促进交流

张先生自"五七"干校回京后，受国家出版局领导的指示，着手组织全国性的装帧展览与学术交流活动，筹建全国及地方装帧队伍的组织，为促进装帧理论建设，创办"装帧"内部刊物，为培养装帧人才，壮大装帧队伍，促进装帧教学，均作出了不懈的努力。这一切在新的形势下对中国装帧事业的拓展起到了积极的推动作用，其中张先生的一份功劳不可没，当应记入中国装帧史册。

张先生今已七十开外，虽已退休，却仍在孜孜不倦地为装帧事业而奔波，精神可嘉，值得赞颂。综合以上，张先生作为一位全方位的装帧艺术家当之无愧。

2000 年 9 月

张慈中与他的书籍装帧设计

吴道弘

　　大约在去年秋冬时，书籍装帧设计家张慈中告诉我，他正在忙着编辑自己的书籍装帧作品集子，这本书将由商务印书馆出版。我听了十分高兴，心里想，他早应该出版自己的书籍装帧设计集了。我的藏书中就有 80 年代以来陆续出版的几位装帧设计家的作品集。我以为一个人爱书，也会爱书的装帧设计，内容与形式是统一的。而且欣赏书籍的装帧，是一种文化享受和艺术熏陶。书籍装帧的艺术性与书籍内容的完美结合，可以唤起一种感情和力量，引发出更为深层的联想。欣赏书装艺术，似乎并不同于欣赏书法、绘画等艺术形式，而有一种独特的魅力。我很难用恰当的文字来表述。

　　今年初又有几次与张慈中见面。他又谈到编辑集子的一些思考，正如作者或编辑那样对内容、编排、篇幅以至书名、开本等有一个明确的编辑意图和通盘的计划。他要求图文并重，不光是简单陈列若干设计作品，还应有装帧设计的文字论述，特别要有相关的历史照片，反映历史环境和他走过的创作道路。总之，张慈中的编辑思路很明确、取材的内容也广泛、编排的方法很别致，还要想到使读者使用方便。我听了十分感动，感受到这将是一本有鲜明特色的书。因此，当他要我为这本书写几句话时，我就胸有成竹地写了如下的话："这本朴实丰盈的书，记录了一位装帧设计家的不倦追求，而走过的却是一条泥泞的道路。对艺术的执著和工作的勤奋是成功的基础。读者从中还会感受到半个世纪新中国书籍装帧事业的折射。"（《心灵与形象》第9页）可是，在见到这本《心灵与形象》（《心灵与形象——张慈中书籍装帧设计》，商务印书馆2000年4月出版）以后，不禁又涌现一些新的想法。

打开书的开头几页，人民出版社出版的一些书籍的装帧设计，我是很熟悉的。人民出版社作为共和国成立后最早创建的党和国家的政治书籍出版社，担负着出版马列主义、毛泽东思想经典原著，党和国家重要文件、文献等的出版任务。因此，马列经典原著和政治书籍的装帧设计，是人民出版社一项重要的实践和研究课题，如何体现时代精神与民族气质的统一，走过了一段开创性的探索之路。张慈中对《中华人民共和国宪法》《中华人民共和国发展国民经济的第一个五年计划》《马克思恩格斯全集》《列宁全集》《资本论》《李大钊选集》《马克思画传》等书的装帧设计，从构思、色彩、书名字体到用纸和印装工艺方面，有不少动人的故事。他总是不知疲倦地追求作品的政治和艺术的整体效应，既能虚心学习并熟悉一些先进的印制工艺、纸张的规格和性能，又能诚心请教印厂工人和技术人员，使之达到设计中的最佳效果。他甚至说，装帧设计家的艺术修养是最根本的。"然后，还需要经过印装工人熟练的工艺技术，体现出设计家所预想的艺术效果。两者缺一都不可能成为书籍装帧艺术。"张慈中的装帧作品，展现了他所作出的努力与成绩，同时也记录了这条探索之路的前进足迹。

党的十一届三中全会以后，我国书刊出版工作进入思想解放、改革开放的新时期。20多年来出版界和出版教育界兴起的编辑出版理论研究，也包括书刊装帧设计理论的研究在内，是十分重要的历史潮流，已经取得可喜的成绩。正确研究和阐述书刊装帧理论，可以指导创作实践的不断前进。收入《心灵与形象》这本书的装帧言论部分，包括"装帧定义""书籍需要设计""装帧设计有一个目的""内容与形式""谈色彩"和"创新和继承"等等，就是张慈中在大量创作实践基础上加以总结思考以后的理论概括。这些简明扼要的理论阐述，给人以启发。张慈中重视学习，更重视创新。他说："学习是为了创造。民族的东西也会随时代的进步而发展变化，外国先进的也是在他们民族的基础上发展变化而来的，有它自己民族的印痕和审美习惯。因此，我们不能模仿，只能借鉴，借鉴的目的是为了创造自己。"这里表明了学习和模仿、模仿和借鉴、学习和创新的关系，目的是要不断地追求创新。

这里不妨举出张慈中在设计"年鉴"和"百科全书"两类图书（工具书）的例子。

中国出版工作者协会编辑的《中国出版年鉴》创刊于1980年，稍后出版了《中国印刷年鉴》，这两部书是我国新时期"年鉴"出版史上开风气之先的。张慈中的设计风格走出了自己的路子，构思的新颖、形象的醒目和设计的巧妙，现在看来，仍是同类书中的佼佼者。在这以后，他又陆续设计了《中国摄影年鉴》等五六种年鉴，又有新的构图和设计。同样，80年代开始由中国大百科全书出版社出版的我国第一部大型的《中国大百科全书》，开创了我国出版"百科全书"的新风。《中国大百科全书》的装帧设计，无疑是一项开创性的复杂工程。全面地说，《中国大百科全书》装帧的成功，一定也融进了集体的启发和智慧，然而张慈中是作出自己的贡献的。这以后，他又设计了《中国性科学百科全书》《中国企业管理百科全书》等六七种"百科全书"，他的设计总是在把握图书本质与内涵的前提下，努力提炼、开掘出新的构思与形象。因此是在不断创新的。

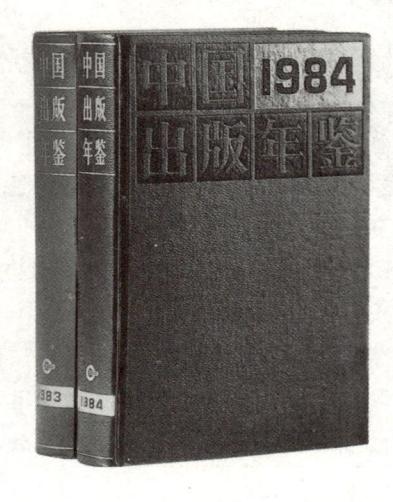

《心灵与形象》一书反映的是张慈中半个世纪里书籍装帧创作上前进的足印，有变化有发展。但是读者也仿佛感受到张慈中一贯重视书籍的文化内涵、品格和特色，并且始终牢记为读者服务的原则。正如他在本书中说的："装帧设计有一个目的，就是把作者和读者结合起来，把书的内在精神、品格和特色通过设计形式反映给读者，让寻求各种知识的读者在书的世界中找到自己需要的东西。"这也是他用来指导自己设计实践的一贯原则。

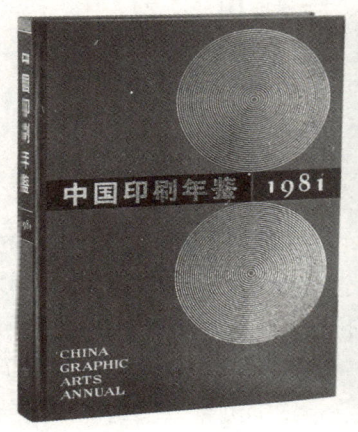

就我来说，这本书还唤起不少历史的回忆。从 50 年代人民出版社在幽静的十号大门到热闹的朝内大楼，从炎夏如炽的咸宁五七干校到曾是偏僻的琉璃井宿舍，我和张慈中有几十年的工作相处和交往，书里一张张历史照片中有已经逝去的老领导、老同事。不能不对王子野、边春光、姜椿芳、刘尊棋、曹辛之、牟紫东、张启亚、顾炳章等在装帧出版事业上的贡献，产生怀念之情，他们的音容笑貌一直浮现在眼前。

《中国出版》2000 年第八期

简洁显大气　质朴见华彩

——《心灵与形象》读后

鹿耀世

　　一本色调素雅、印装考究的小书摆在我的面前。质朴的封面上，一帧书影衬出一幅十分简洁传神的速写肖像：清瘦的面孔、稀疏的白发；明亮的镜片后面，是专注深邃的目光；厚厚的嘴唇，仿佛正倾吐着睿智热诚的语言……欣赏了崔洼中的速写佳作之后，我们还是细细浏览一下这位书装界老前辈张慈中先生半个世纪的杰作之林吧。

　　在最前面的彩页上，《中华人民共和国宪法》《马克思画传》《列宁全集》《资本论》《李大钊选集》《中国通史》等都是载入历史的重要文献，那简洁、厚重、庄严、大气的艺术风格也将同时载入现代书装史。不仅在重要的政治、经济、历史、文化专著的设计上，张先生能充分展示书稿之魂、展现色彩之美，而且在诸多学科专著的设计中，能运筹帷幄、游刃有余。

　　在姹紫嫣红的书籍艺术的百花园里，我见到了一枝淡雅挺秀、独有风韵的花——《巴赫金文集》装帧设计：封面上，中灰色的雅莲纸作底衬，左侧为渐变的黑色，上方压印端庄的银色书名；天头右侧，那由淡至浓的暗红色条，恰似黎明前的一抹曙光，托出著者的烫金俄文。整个封面简洁中

显大气、质朴中见华彩。

巴赫金是前苏联著名的哲学家、语言学家、文艺理论家、在多种学科领域卓有建树。因为受到不公正待遇，大部分著述长期被束之高阁。了解著者坎坷经历的读者，会感到设计家含蓄而独具匠心的创意。

巴金的《随想录》是一部剖析自己、反思文革的讲真话的大书，在特装本的封面上，左上角是稳重的书名，右下角是遒劲的著者手书。七条象征著者思绪的装饰线尽头，都有一颗闪闪的小星花，封面封底两相辉映，衬托着高居于书脊顶部的蓝宝石般的方色块和金色书名。整个设计不枝不蔓、简约有方，有着洗尽铅华的美感。当设计家营造了这种毫无浮躁之气、沉静幽雅的氛围时，读者也就会心无旁骛地专心领略著者那睿智而深邃的思想了。

"中国现代学术经典"是刘梦溪先生主编的大型丛书。在平和儒雅的底色上，横贯封面、连接书脊的不同色块的平面构成，封面左侧形成灰面的竖排的学者名录，给人以错落有致、疏密和谐、轩然大度的视觉

简洁显大气　质朴见华彩——《心灵与形象》读后　203

感受。

　　"当代中国丛书"是包容 160 多个选题的新中国史书，在策划者向全国征求装帧设计稿之后，在封面上出现太阳、雄狮、华表、天安门等图案的为数甚多，但都不尽如人意。最终成书采用的是，在象征共和国日趋成熟的橄榄绿封面之上，压印出饱满厚重、粗犷沉雄的四个浮雕大字"当代中国"。这四个大字，似巨石屹立、如钢铁铸成，写书之魂魄、扬时代精神、是新中国的丰碑！

　　《中国新文艺大系》的精装封面上，压出了曲线流畅、刚柔相济的满版图案：那线条时而纤弱、时而遒劲、时而徐缓、时而激扬。有敦煌飞天之华美、有现代旋律之雄强。这件设计家创绘的作品，得到了很多艺术家的理解、赞同。

《中国出版年鉴》的封面设计，对于中国四大发明之一的生动体现和现代构成的新颖铺排，堪称一绝，在近20年的同类年鉴设计中，现在仍保持着经典的地位。

以上所列，都是著名书籍设计家张慈中先生收入《心灵与形象》（商务印书馆出版）的代表作。

张先生于1940年即在上海联合广告公司从事美术设计，有众多的邮票、股票、海报、书刊装帧等设计作品，积累了丰富的艺术经验。他在书刊设计中，尽力摒弃可有可无的图片、纹饰，充分发挥构成的内涵、色调的灵性、工艺的巧妙，以达到恒久的美。他以为，书籍的设计要持久耐看，有渗透力，能拨动心灵的第二感受——思想活动。而一般商品的图案、色彩则要求爆发力、冲击力，顷刻间挑动第一感觉——视觉愉悦感。书籍的审美感觉和艺术品位与一般商品应该是不同的。张先生一贯强调理论、学术类书籍的色彩要明而不耀、鲜而不艳、灰而不旧、暗而不沉。这种平和的理性色彩虽给人的视觉反应慢，感受不强烈，但潜性好，易于深入心灵，产生第二感受——思维活动。在当前，电脑的技术功能给设计家们提供了广阔的天地，但也出现了不少字体紊乱、形象壅塞、色调浓艳的被称为电脑病的低劣设计。在充分发挥电脑制作潜能、提高设计品位的同时，从张慈中先生的艺术风格和美学追求中，我们不是能悟出一些有益的启示吗？

《编辑学刊》2001年第5期

一个旧上海"小资"的人生路

陈晓光

张慈中，何许人也？50岁以上的国人，多读过《毛泽东选集》吧？而张慈中，正是《毛泽东选集》的装帧者之一。

"我只读了6年书，我是社会大学毕业的。"年逾八旬的张慈中道完这开场白后，又用笔在纸上画下一连串曲曲折折的脚印，笑道："这就是我的大起大落的人生片断。"

片断一：风花雪月——上海滩时髦的场所都"白相"过

抗战胜利后的夜上海十里洋场，一派奢华景象。22岁的张慈中，从那家"沙利文"撮完了西餐，带着微醺的醉态，一扬手，叫住了黄包车夫："百乐门走一趟。"当他从这家夜总会"嘣嚓嚓"出来时，已是凌晨三四点了。还是一扬手，坐上黄包车，回到他在霞飞路租下的高级公寓。

这是张慈中一生中最为阔绰的时光。作为当时上海广告界小有名气的他，挣的是"小黄鱼（金条）"，信奉的是"人生得意须尽欢"，又兼"钻石王老五"身份，于是吃大菜，着西装，住公寓，还有个书童"笔墨伺候"；于是夜夜逛舞场，泡咖啡厅，打台球，溜旱冰，上"大光明"看好莱坞影片。"时髦的地方阿拉都白相过。白相，就是玩呀！

买单时就掏出派克金笔签张支票,很气派的啊!"老人大笑道,一副老顽童的神态。

当然,在灯红酒绿间,张慈中也难忘所经历的磨难:5岁丧母,屡遭欺凌。13岁,日本鬼子的一把火,又烧了金山县枫泾的祖宅。他跟着祖父逃到乡下,不料从此再没能重返学堂。16岁,"混在上海滩",说是学徒,实质是勤杂工,顿顿酱油泡饭,还受尽了屈辱。后来总算赚到一笔钱,然而好景不长,1948年,上海滩爆发金圆券风潮,他惊惶地发现,一夜间,他又成了"小瘪三"。

1949年5月27日,一大早,张慈中和同事骑着摩托车去催账,看到解放军竟抱着枪睡在湿漉漉的人行道上,原来上海已解放了。张慈中一时大为感动,叫道:"老蒋回不来了!"

接着,一位曾在"沙利文"相识的"地下党"、军管会领导找到张慈中,请他画毛主席像。张慈中开玩笑道:"给多少稿酬?我可要20块大洋呀!"领导笑笑:"你先画吧。"于是,张慈中在弄堂里搭起架子,蹬着梯子画了整整4天,才画完那幅"戴八角帽的毛泽东"画像。结果领导仅给了他2块大洋:"张慈中,你就当为新中国作贡献了!"尽管如此,张慈中还是兴高采烈地参加了庆祝上海解放大游行。后来他才意识到,正是这位领导给他上了"干革命不能讲价钱"的第一课。

片断二:五体投地——提出的三大条件3天后全部兑现

1950年早春,收到出版总署新华书店总管理处录取通知书后,西服革履的张慈中兴冲冲地带上五套西装来到首都,单位门口站岗的士兵见来了位"洋装先生","刷"地向他敬了个军礼。

北京的生活节奏要比上海慢多少拍?大家路上相逢,还是打躬作揖,末了还要添一句"您慢走"。张慈中见到不少同事还穿着军便服,赶紧买了一套列宁装换上。这西装往箱底一搁就是30余年。那时他们住在东总布胡同,天一擦黑,街上就没了人影了,更提不上夜生活。北京的风沙很要命,街上跑的是骡马和骆驼,吃的总是窝头、馒头和土豆……张慈中愁眉苦脸地抱怨道,连咖啡都喝不到,没有灵感了!后来在东安市场遇到一"咖啡知己",就像找地下党似的,打着那位老兄的旗号,在王府井找到一家不对外的咖啡馆,喝到了土耳其咖啡。老式留声机还放着蓝调音乐,仿佛又回到十里洋场。

更狼狈的是,张慈中有时说着话就冒出了几句英文,于是被大家抓住了"小辫子",称他为崇洋媚外的"假洋鬼子",围着他要"理论理论"。张慈中心想:"我箱子里还藏有一大摞美国画报呢!要让你们看到,更大惊小怪了!"

于是张慈中闹起了情绪,不当北方佬了!他找领导提出三条回上海的理由:"吃不上米饭。成天就是馒头、窝头,窝头、馒头。"领导问:"还有呢?""七八个人住一间屋,拉二胡的,下象棋的,甩扑克的,乱糟糟的像城隍庙,阿拉晚上是要动脑筋的。阿拉在上海,住的是有书房、卧室、卫生间的带电话的公寓。"领导又问:"还有呢?""写字台没人收拾,在上海还有个学徒的。"这最后一条就是无理取闹。说完后,他暗暗得意,办不到吧,阿拉就拜拜了。不料3天后,这三条都实现了。张慈中这下彻底服了共产党,真是"说得到,做得到"!于是他向老区来的同事学习,先闯生活关,再闯思想关,从此改变了一生的道路。

片断三:不负众望——周总理三年后还记得他这个小鬼

1950年夏秋之交。周总理对送审的我国国徽标准印刷样的质量不满意,若如此发往各社会主义国家,实在有损泱泱大国的形象,周总理便责成"新华书店总管理处"尽快解决。领导于是把这活派到张慈中的头上,因为他早年曾在上海接触过印刷业,并精心搞过"丝网印刷"。

张慈中到白纸坊那家印钞票的老厂后,下车间蹲了6天,终于发现由于当时油墨质量不过关,金墨的颗粒过大,原国徽图片效果也不好,因为那时还没有彩色胶卷。于是他针对这些问题,大胆地提出了新方案,"拎不清"的"老革命"厂长一听就火了,拍了桌子,张慈中也跟着拍了桌子。但经过张慈中急赤白脸的据理力争后,"老革命"也同意试试。这一试,不但国徽的清晰度大为提高,就连立体感也凸现出来了,于是领导赶紧派轿车拉着张慈中去中南海请周总理审批。到了周总理的办公室前,警卫员拿走了样本,张慈中就坐在走廊上等候。一会儿,周总理从里屋出来了:"送稿子的同志呢?"张慈中赶紧站起来:"我在这里。"周总理一看,乐了:"还是个小鬼呢!你叫什么名字?"原来,国徽的标准印刷样被周总理一次通过了。

接着，张慈中设计了全张的国徽（丝网印刷）招贴画，后被领导采纳，发行全国各地，并获得稿酬40万元（旧币）。

三年后的一个冬天，在团中央举办的一次舞会上，周总理一眼就认出了人群中的张慈中："你是搞装帧的小张吧？"那一晚，张慈中兴奋得满脸通红，结果愣把皮手套给弄丢了。

不久，张慈中被调到人民出版社筹建设计组，专门为马列著作"搞封皮"。当时讲的是"搭好架子就回来"，可因为活儿干得"太漂亮"，竟回不来了。领导再三强调："干革命不能讨价还价，个人要绝对服从组织的需要。"于是张慈中只得痛苦地改行。为政治读物"搞封皮"，既枯燥又劳神，还总得揪着心。这就意味着：要从生活、思想、作风、修养上都来个180度的大转弯，头脑里还总得绷着那根弦。那就学苏联老大哥的吧，于是一股脑地扔掉那些可以赚大把钞票的"布尔乔亚"的玩意儿，再从头开始啃"布尔什维克"的那一套。好在他天资聪颖，16岁时，父亲接到一份月份牌的活儿，他"依葫芦画瓢"地画了大部分，没承想，还竟卖出了高价。

片断四：脱胎换骨——右派成了"香饽饽"派上了大用场

1957年初秋，正在单位负责"抓右派"的张慈中，不料却被《人民日报》点了名，莫名其妙地当上了右派。原来是春天寄去的那篇关于"装帧界存在的问题"的文章被"秋后算账"了。批斗大会上坐满了愤怒的人们,"新影"甚至搬来了两台摄影机,录下了他的"丑恶嘴脸"。领导当然心中有数,张慈中这个右派,就是到处放炮给闹的!于是硬顶着没把他"发"到北大荒去,生怕周总理又派下个重大任务,没人给顶着了。只是把他的工资从125.5元降到89.5元,让他也尝尝窝头就咸菜的滋味。

领导就是领导。后来,那被誉为"最严肃、最大方、最朴素、最美观"的白底红字的《红旗》杂志创刊号,就是这个右派装帧的;庄重、简朴的《毛泽东著作单篇本》,也是这个右派装帧的;《马克思画传》上的卡尔肖像,还是这个右派用毛笔尖一点点"抠"出来的。难怪连前东德人都纳闷,这是从哪里物色到的图片资料?

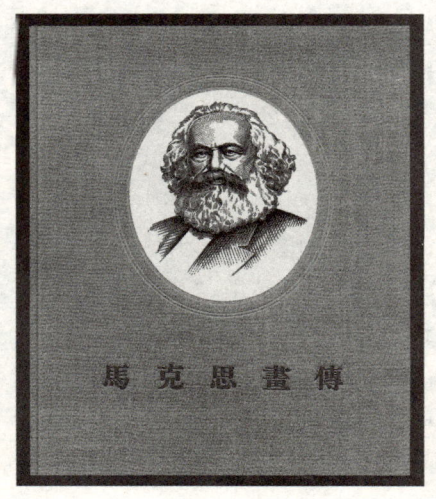

1958年,筹办革命博物馆时,张慈中又被借调,还是没黑没白地干。可过了没几天,他又忍不住开炮了:编辑部发来的毛主席有关语录,有一些错别字,有的标点符号也弄错了。这事传到那位老红军出身的馆长耳里,老红军私下里找他谈话:"你哪里是什么右派！右派有你这么玩命的吗？你就别走了，一年后我给你摘帽，两年后让你入党。"张慈中一梗脖子："我都跟大家说了，我是右派。"老红军一愣："你说这干吗？不过没关系，你就先负起这摊事来。他们都听我的。"

1966年，"文革"风暴乍起，张慈中正在冷眼观看"揪斗走资派"，台下有人一声断喝："张慈中，站出来！"张慈中大叫："我不是走资派！"造反派喝道："你是走资派的黑专家！"于是，他被揪上台，戴着纸糊的"高帽子"，陪着那位"包庇"他的领导，好一通"七斗八斗"。

后来，张慈中被下放到湖北省咸宁"五七"干校。此时，举国上下又闹起了"红海洋"，可小将们总是画不好毛主席像，张慈中这位"特殊人才"，自然成了"香饽饽"，没遭什么皮肉罪，乡亲们反而常常塞给他一些熏鱼、腊肉和米酒。他先是被县革委会"借调"到公社搞"阶级教育展览"近一年，后又被军宣队吕政委看中："跟我到武钢去吧，那里太需要能画能写的人了！"当然，张慈中哪里也没去成，人民出版社的人事调动直接归国务院管辖。

对于那忍辱负重的20年，老人只是用"生性直爽，不善逢迎；历尽艰辛，一生坎坷"这16个字轻轻带过。"我这个人天生乐观，北京人讲话，没心没肺。告诉你吧，我后来还学会了养猪，我养的猪只只滚瓜溜圆。"

后 记

说到改革开放后，老人还是用"晚年逢春，心旷神怡；

纸笔相伴，自慰自乐"这16个字一带而过。接着，老人又笑道："我是禀性难移。为了工作，我又跟不少领导拍了桌子。"这个典型的上海人，终生恪守着"干活不能'捣糨糊'"的原则。

1992年，当老人领到国务院颁发的"有特殊贡献人员奖"证书时，从心底嘘了一口气："黑帽子终于变成红帽子了！"对此，老人由衷地感叹道："不要计较个人的得失，只要你付出了，社会就会给你回报。"

《北京广播电视报》2004年5月19日

南腔北调　　文章天然

——北京雅昌隆重举行著名设计师张慈中书籍艺术 60 年回顾

作为中国书籍艺术的守望者，张慈中先生设计过无数的书籍封面。他曾为中华人民共和国国徽设计新的印刷工艺，积极推动了中国出版印刷教育发展，受到周恩来总理的亲口褒奖。他设计的《中华人民共和国宪法》，书名字体被开发成专用印刷字体，并得到刘少奇主席的当面赞赏；他为《马克思画传》创作的模拟铜版肖像画，弄"假"成真；他最早提出建立专业设计工作室；他为党中央机关刊物《红旗》创刊号设计封面并延承至今；他设计《列宁全集》发明了"漏底漆布"压印新工艺；他开创业内第一份期刊《装帧简报》，推动专业人员的学习交流；他和曹辛之、吴寿松等业内大家筹建"中国装帧艺术研究会"，是出版业最早的行业学术组织，他以视觉设计的角度投入编辑理念，为《中国大百科全集》呈现出全新的阅读面貌；他协助筹建北京印刷学院艺术设计专业，推动中国出版印刷教育发展，在国内最先推出计算机数字化设计教学……

2012 年 3 月 24 日，由中国出版工作者协会装帧艺术工作委员会、雅昌企业（集团）有限公司主办的《南腔北调——张慈中书籍艺术 60 年回顾》在北京雅昌艺术中心正式开幕。本次展览将持续至 5 月 25 日，为期两个月。

作品正如其人，"南腔北调"中既有委婉抒情的南音语境，又有乐魂荡魄的北国韵腔。张慈中老先生一辈子都在书海里畅游拓新，寻梦不止；在其永不言弃，走南闯北的人生曲折经历中，为当代中国书籍的发展过程创造了无数传奇。为本次展览，张慈中先生作了精心的准备，从手稿到宏卷巨帙的整理，近九十高龄的他都亲力亲为。看他手写编制的目录，隽秀而工整，实乃一种享受，这也是老一代人的禀性，令人钦佩与感动。

在当天的开幕仪式上，雅昌集团董事长万捷、著名书籍设计师张慈中一同出席并发表了讲话，出席仪式的其他嘉宾还有人民美术出版社集团总社社长郜宗远、著名编辑家《出版史料》执行主编吴道弘、中国出版协会装帧艺术委员会秘书长符晓笛、著名书籍设计家郑在勇，清华大学美术学院教授吕敬人先生主持了此次书展的开幕仪式及沙龙访谈。

在沙龙访谈中，著名设计师韩湛宁先生也积极参与其中，与吕敬人先生、张慈中先生共同为大家呈现了一场精彩的对谈式演讲。演讲中时时流露出他们对设计源源不断的热爱与执著，并让参加沙龙的朋友们获益匪浅。在张慈中先生沉稳大气的作品中，我们能体悟到这位设计家所拥有的东方文化神韵，以及他对文本内涵的准确把握和对书籍设计细节与秩序的驾驭能力。他深谙传统与发展的要义，把控着承前启后的扬弃并举之道。

让我们走进这条带有时空余温的书卷长廊,用心聆听张慈中的南腔北调,享受中国书籍设计艺术守望者优雅质朴的天然文章。

张慈中——红色经典设计师

远 道

有些书，因为内容太过引人注目，往往让人忽略了书籍设计，最著名的书背后，隐藏着对于普通读者几近无名的设计师——张慈中先生便是这样一位"隐身人"。

张慈中先生属于新中国书籍设计的第一代。1924年生于上海松江枫泾镇。他的童年大约和所有爱画画的小朋友也没有太大不同，直到日本鬼子炸毁了他的家。他的设计生涯是从广告画开始的，考试题目是为欧米茄怀表做个广告画，他三天交差，外商看了一激动就把欧米茄怀表送他了，吓了他一大跳。那是1940年，他开始在上海《申报》下面的联合广告公司上班，时年十五六。

年轻的张慈中在上海、杭州换了几家公司、工厂，画得好，主意多，但总是和老板合作得不太愉快。他终于在上海成立了"张慈中广告设计事务所"，还和别人合开了一家丝漆印刷厂，学会了印刷技术。1949的一个清晨，张慈中像许多上海人一样，看到了睡在大街上的解放军，他觉得自己的害怕是多余的。那年，北京的设计界到上海招人，他用半个钟头画了一幅《上海解放》，顺利通过。就这样，他来到北京，从新华书店总管理处，到人民出版社、中国大百科全书出版社一路走来，书籍设计生涯颇为传奇。

《毛泽东选集》最初的设计是据说是比较豪华的，结果主席批复道，"我的书是简单的好"。任务交给了张慈中。他的思路是，要简单大气，要有中国元素，要有金色，他动手写了封面上的"毛泽东选集"几个字，印了两张，主席看后说很好，就缺一个五角星。于是他听从一位老领导的建议，加了个红色的小五角星。

张慈中先生的字体设计大气、庄严、典雅。他曾为第一届全国人民代表大会的代表们设计过一个笔记本，被前来检查会议准备工作的刘少奇看到了，给了他一项新任务——设计《中华人民共和国宪法》。

张慈中画插图也颇有一些故事。比如《马克思画传》，接到设计任务之后，他决定用马克思的画像作为主要设计元素。用毛笔画吗？那太东方了。考虑再三，他觉得最合适的手法是西方的铜版画。但这不是想刻就能刻出来的，工具都没有，时间来不及。于是，他还是用毛笔画——画出铜版画的效果。后来这本书参加德国的书展，德国人一看，说马克思的图片我们很全，这张怎么没见过啊？听说是毛笔画的，更惊讶了，不可能啊，这分明是铜版画啊……

为了设计《列宁全集》，张慈中先生实验出一种新的装帧材料——"漏底漆布"。当时的装帧材料很少，要考虑材料的美感，与题材的匹配，还要考虑耐磨性。他去天津和上海的工厂去考察工艺，反复改良，终于实验出了朴素大气，而且实惠耐用的材料，用作全集的布面精装。

张慈中先生作为"右派"也挺特殊的,他没被关牛棚,而是由人民出版社向上申请,留下他一边挨批斗,一边做设计。其中的一个例子就是《红旗》杂志。《红旗》有大约十二种封面样稿,结果都没获批准,任务交到了人民出版社,社领导找到了张慈中。他觉得原来的样稿不够大气。他把封面上毛泽东写的"红旗"两个字放大,下面加了条线,再加上期刊号等数字,只用了红色和灰色。这个方案马上就通过了。

"文化大革命"后,张慈中先生还曾负责组织和推动全国的书籍设计工作,像筹备第二届全国书籍装帧艺术展览会,创办《装帧简报》,举办各种交流活动等等。后来,他调到中国大百科全书出版社,从摄影和设计的角度,编辑设计《中国大百科全书》,并在这家出版社退休。

张慈中先生的设计生涯,因为时代的机缘,为一个个故事所连缀。在这些"传奇"背后,其实有他一贯的设计思路——"设计艺术贵在以少胜多,突出精华,留有余地,使读者产生联想。"

见《书籍设计》第 3 期
(本文素材及图片来自《新中国的书籍设计传奇》)韩湛宁采访。

附录

探索现代化的中国风格
——部分书籍的装帧设计观感

张慈中　于　麟

"开卷有益",这是我国自古以来的名言。其他国家也有许多赞美书籍的警句。随着社会前进,书籍同人类生活的关系无疑会愈加密不可分。然而无须证明,任何书籍都得有一定的形式,没有形式的书籍是不存在的。人们在"开卷"之前,第一眼看到的只能是书的相貌装束,即书籍的形式,术语称之为装帧。一本书,有了精美的装帧,会给人以读书之乐。反之,装帧低劣,纵使内容不错,也会使人产生美中不足、兴味索然之感。可见书籍装帧在千百万读者之间起到的作用。书籍装帧作为一门艺术,在国际上早已受到普遍的重视,它正随着社会的发展而逐渐完美。我们只要接触到一点外国的图书,就不难理解它正在怎样飞速地发展。

当祖国大地结束了酷寒冰封之后,最先一批迎春而开的装帧艺术花朵,正陆续出现。它们虽不算多,却打破了先前那种贫乏、枯燥、全无生气的局面,以其新意和活力,给人以鼓舞,预报着即将到来的万紫千红。

封面是书籍装帧的重要而不可少的组成部分。搞好封面设计，不断创造新的形和新的色，以更好地体现书籍的内容，增强艺术感染力，吸引和满足读者，这是改进装帧工作的重要方面。令人欣喜的是，目前在各类书籍的封面中，都能够看到用过心思的设计。

人民文学出版社的《新世界的儿女》（阿尔及利亚长篇小说），封面的构思和表现手法都有新意，特别是它的构图和色彩。设计都根据小说的主要内容——阿尔及利亚妇女在革命中的觉醒和成长，集中概括出一个引颈迎向朝阳的年轻妇女的侧面头像；面部为霞光染得分外鲜明，头像富有雕塑感，顶天立地，头顶直抵封面上缘，颈部连接大地，浑然一体（地面上的仙人掌使人联想到非洲）。黑色为主要色彩，覆盖着封面的一半以上篇幅，但并不显得昏黑，在黄（背景）、橙（面部）两色的对比下，反而显得十分鲜明、强烈，加强了画面的艺术效果。这样的构图，以及这样的色彩，体现出"新世界的儿女"的基本精神面貌，同时象征着希望和力量。

从表现手法上说，如果这本书的封面设计是运用写实手法的成功，那么，云南人民出版社的《于无声处——一批冲破禁区的好作品》的封面设计，则从运用写意手法方面取得了成功。它的特点是构图简洁，意境深远。单一的蔚蓝色作底色，右下角一个黑色长方块印着书名，作为封面要求，这实在难以再简化了。此外只有一只白色粗线条一笔勾勒出来的飞鸟，连同它飞行的示意曲线，完全是写意的。然而正是这个一笔写意画，吸引着读者琢磨、回味；鸟儿向天空飞翔，不久即由于某种原因不得不转起圈子，而最终又以无可阻挡之势奋力冲向高天。当读者回顾某些人对这批冲破禁区的作品的议论，再看这只飞鸟的路线，会感到设计者说了很多很多。

广东人民出版社的《丽日南天》（散文集），在装帧设计上也是颇具匠心的。到过祖国南疆的人一看便知，那被阳光镶起明亮边缘的浓黑粗大树干，从树干间隙露出的清澈艳丽的蓝天，盛开如火的木棉花朵，这一切构成了逆光中观察烈日南方的常见情景。书的内容提要说，本散文集有浓郁的南方情调。而封面的这种新颖构思所展现的意境，圆满地体现了内容提要的介绍。这本书还注意了整体的装帧设计，特别是题头图案。每文一画，多数都是精心之作，表现了设计者丰富的想象力和熟练的装饰手法，足以引发读者的寻味、联想。

从目前见到的一些经过认真设计的封面中，不难发现一个普遍的倾向，也是新的特点，就是在探索现代化的中国风格。它们既有图案古朴雅致、体现出鲜明的传统民族风格的设计，同时正在较多地出现构思大胆、新颖，具有现代化气息的作品。像人民美术出版社的《变色龙》《十五贯》（都是连环画），中国少年儿童出版社的《小冬木》（叙事诗，有插图），上海文艺出版社的《姑苏春》（长篇小说），少年儿童出版社的《小灵通漫游未来》（科学幻想小说），上海译文出版社的《外国文艺》（期刊）《黑潮》（日本长篇小说），吉林人民出版社的《孙悟空三打白骨精》（连环画），都是在封面设计上具有特色的作品。它们的设计者根据书的内容和读者对象，进行了风格、样式各异的设计。其中《孙悟空三打白骨精》，从封面开始，到扉页，到正文，浑然一体的传统民族形式，必定使读者深感兴趣。紫色的封面上，一个孙悟空的三角形写意头像，一行竖写的白字书名，在如此简洁新颖的设计吸引下，读者准会翻阅下去。而翻开封面，概括了故事精华的扉页的设计更加吸引人。而《外国文艺》《黑潮》则着眼于外国文艺作品这一特定内容，在封面设计上做了大胆突破。它们以自己所带有的一些"洋"味，同样赢得了读者的称赞。

在不算短的一个时期内，很多人似乎感到，政治书和科技书的装帧设计是难以搞出也不必搞出什么名堂来的，甚至有些误解以及在误解之上做出的误事的决定。比如认为，这两类书既然要朴素大方，封面设计则越简单越好，标准设计是光板一条字（书名），而且这一条字只能横排，不准竖着，以至于还圈定了封面的用色范围，等等。政治书和科技书就一定排斥精心的装帧和设计吗？朴素大方就是越单调越好吗？目前已有几本书的封面设计做出答案和示范。

人民出版社的《唯物辩证法大纲》，改变了这类书常见的把书名、作者名、出版单位在一个轴线上横排三行的老例，把书名移到封面右上角，而且把据说是不该转行的书名分做两行，还把书名的下半段跟作者姓名排在一行，出版单位也排到封面左下角。如此对老例做了一点冲击，此外并无再多花样，这本书的封面竟顿时显出生气。难道书的严肃性和学术价值因此而降低了吗？当然一点也没有。

　　科技书的内容有很大一部分是难以用形象来表达的，有的虽能表达，然而形象不美。要设计好科技图书的封面，一个十分重要的途径是把科学原理通过形象思维加工概括，使之图案化。人民邮电出版社的《微波通信系统设计和设备》《LC 滤波器和螺旋滤波器的设计》两书的封面设计，有助于启发人们进行这一方面的思考。《微波通信系统设计和设备》，书名只占封面上端一条不大的狭长地位，很大的篇幅是一幅优美吸引人的图案：这是对两种正在发射的微波通信天线——锅形天线和扇形天线的概括和形象化。设计者使这一图案处于既是它又不是它的状态，内行人看着明白，外行人觉得美观，确实为这本书增色不少。

　　《LC 滤波器和螺旋滤波器的设计》也是案图占封面绝大部分。图案由三组造型相同、色彩有别的局部构图交错排列构成。每组构图都是滤波器符号加上经过美化的曲线图。这本书经过图案的美化装饰，连外行人都要盯住那一条条富有个性的曲线，企图看出一点奥妙来。

　　这两本书的封面设计，突破了以往常见的把实物的照片或科学原理的图例直接搬上封面的做法，是有所创造的。

　　冶金工业出版社的《稀土》，封面也别具一格，看后令人难忘。这是由于设计者不满意过去简陋设计这一类图书的常例，宁愿自找麻烦，精心思考的结果。十七个小方格的安排，取得了平淡中见奇异的艺术效果，显然要经过内容、构图和色彩上的反复琢磨。这些方格，不仅与书名相配合起到鲜明、和谐的装饰作用，同时引人注目地展示了稀土的各个元素，并巧妙地区别了元素的分系。

上面所列举的封面设计，有一部分在制版、印刷方面是有较大难度的。可喜的是，制版、印刷工人为了提高我国书籍的装帧水平，勇于克服困难，精心制作，为再现这些封面设计增添了新的光彩。

诚然，叙述至此一直未离开封面，而这正是当前我国书籍装帧薄弱环节的反映。书籍装帧的完整概念，当然是对书籍进行整体设计的全面要求，好的装帧设计必然考虑到书的形式的各个方面，并使之成为统一而和谐的整体。用这个标准来衡量书籍装帧的现状，还存在许多不足。比如书脊，许多书，特别是厚一点的书，书脊很不讲究，白底印上几个黑铅字的实在不少，讲究一点也不过加印一个底色而已。这样，封面即使设计得再好，一上书架，顿时隐去"真面目"，书架上看到的不过是一排印着黑铅字的白纸。外国书十分讲究对书脊的设计，不肯轻易使书脊比封面逊色，这是值得我们参考的。正文的版面设计，多数还未做到根据书稿性质的不同，在格式、字体上采取相应的变化。应该看到，美化装帧是包含着版面设计这一工作。开本，目前也十分单调。根本原因固然是纸张规格、印刷条件的限制，但是在现有条件下，也值得考虑书籍的内容特点和读者对象，有意识地搞一部分非三十二开本，以活泼我国书籍的面貌。

就像出版工作者对读者的期望作出回答，当本文正准备结束时，装帧经过认真的整体设计的《"我热爱中国"》中译本，由三联书店出版了。这本记述斯诺病终前同中国人民情谊的书，虽然也是平装，然而给人以精致而完美之感。首先引人注目的是它的开本，属小三十二开本，又比一般小三十二开窄，这就显出修长、秀气，读者一看就不免感到，这类书正是用这样的开本最合适。它的装帧项目也较为完整，考虑到了包封、封面、环衬、扉页、插页，并对各个项目都做了比较细致的设计，如包封，统一照顾到它的封面、书脊、封底，使之浑然一体。书的封面采用了压纹卡片纸，设计者利用其质感和包封，并在扉页连环衬的衬托下，竟使本书产生出半精装的效果。版面设计，突出地对章节号做了非同常规的安排，用罗马数字，并放在正文右上角，从而显得生动活泼。总之，这是一本凭装帧就惹人喜爱的书。它足以再次证明，只要解放思想，开动机器，我们就可能利用好现有的条件，并且创造出可能的条件，为中国风格的书籍装帧的现代化，而更有成效地工作。

《读书》1979 年第 1 期

建立现代化中国风格的装帧艺术

——起步历程及最初的理论成果

于庆林

(一) 新中国成立后至 80 年代初我国书籍装帧业的发展情况

新中国成立后,书籍装帧获得前所未有的发展机遇,几年内即有一批优秀作品问世,并且获得国际荣誉:在莱比锡 1959 年国际书籍艺术展览会上,我国送展书中有十余种获得装帧设计奖,其中四种为金奖。无疑,开局良好,令人鼓舞。然而就这一时期总体状况而言,设计和制作水平都不高,装帧艺术理论也未形成,因而难以在艺术中和社会上取得地位。

根基脆弱的书籍装帧期待扶持,然而"文革"到来,又使这枝含苞未放的花朵遭遇了冰霜。直到 1978 年下半年,出版界、装帧界仍然迷茫、观望,一时难有作为。这一年 7 月 7 日,国家出版局领导出面,邀集在京作家、文化出版界专家和有关部门领导分析形势,出谋划策。

为开创局面,国家出版局决定于 1979 年春季与中国美术家协会联合举办第二届全国书籍装帧艺术展览。当筹展通知于 1978 年 5 月向全国出版界发出,犹如巨石投水,有力地冲击了出版界的沉寂,引起强烈反响。

1979 年 3 月 22 日至 4 月 10 日,第二届全国书籍装帧艺术展览在北京中国美术馆如期举行,展出全国 82 家出版社（当时总共就是这么多）的 1100 种图书和设计稿。经专家在展览期间评选,有 61 种展品分别获得整体设计奖、封面奖、插图奖、印刷装订奖。在北京展出后,在杭州、长沙、西安巡展。在持续四个月的展出中,全国各地出版界及相关单位人员都参加观摩。举办像这样顾及全国的长时间、大规模展出,在我国是空前的。其展品,虽说多数的构思上、制作上算不得惊人之作,而从当时的热烈反映看,对设计人员、出版社领导,以至有关方面人士,都曾产生很大的震动、启示、推动、借鉴作用。

在北京展出期间,3 月 29 日至 4 月 4 日,国家出版局还召开了有 50 余位专业人员参加的装帧工作座谈会。会上形成的《关于加强书籍装帧工作的建议》,不久即以国家出版局［79］192 号文件转发全国出版界和相关单位。这份文件针对装帧工作中存在的主要问题,以及当前几年加强这项工作需要认真安排的基本环节,做了全面分析和部署。特别是,适应改革开放的形势发展,文件首次明确指出"建立现代化中国风格的装帧艺术"的目标口号（而不再沿用"民族化"等习惯提法）。这就使得我国书籍装帧艺术的发展在新时期一起步就体现出现代化的实质性要求。

这次展出活动,依据明确的指导思想,经过全方位的部署,不仅对一时的书籍装帧工作产生强大推进作用,并且超越装帧设计范畴,造成多方面的深远影响,因而在历届装帧展和相关活动中独占鳌头。

1981年初，经由国家出版局部署，中国出版协会下设的装帧研究室成立，负责组织装帧方面的业务活动和理论探讨。老一代装帧艺术家张慈中奉调任装帧研究室负责人。凭他对书籍装帧事业的充沛热情，以及对设计工作的资深经历，在组织和推动全国装帧设计工作的开展，提升和改善设计工作的地位和作用，改进和提高设计质量方面，起到了重要作用。他一方面亲临各地一一推动，一方面编发内部简报全面推广。我协助他为这份简报做文字编辑工作，工作中深知他的热情和辛苦。装帧简报定名为《装帧》（起初叫《书籍装帧设计》），从1978年7月至1982年9月，累计出刊40余期。第二届装帧展结束后，依据落实192号文件的要求，以及同装帧研究室"出作品，出人才，出理论"的工作基点相配合，内容主要为理论探讨和知识普及、国外情况和资料介绍、印刷和材料的改进、工作动态和经验总结四个方面。理论探讨在其中占相当比重。当时，这一份不起眼的内部简报，成为探索形成我国装帧艺术理论的第一块园地！

在那个特定时期，国家出版局作为全国出版工作的主管部门，能够组织力量，全面促进书籍装帧设计工作的提高和发展，应该说是十分难得的举动。这既为克服当时书籍装帧设计面临的严重局面，同时成为中国装帧事业划时代发展的推动力。

（二）探索形成装帧艺术的基本理论思路

随着国门开启，国人面对精美的外国图书之林，终于自惭形秽了；尤其当认识到图书作为国家科学水平和文明高度的一种象征时，更体会到我国图书的穷酸相给国家丢了面子。感叹之余，探究其缘由时发现，在诸多复杂因素中，设计工作没有系统的理论指导、规范，成为严重制约发展的内在因素。历史上，没有关于书籍装帧的理论遗产可继承，新中国成立后，也不可能立即在这上面下大工夫，因而在理论上、实践上都处于初级状态。当书籍装帧工作在改革开放形势下呈现新的发展前景时，探索和建立我国的装帧艺术理论便成为迫切课题、自觉课题。幸好新中国成立以来已经建立了一支专业设计队伍，且经实践已在设计思路上和审美习惯上积累了初步体会和经验，使这一课题具备了完成的可能。

进入80年代，书籍装帧终于以日渐提高的设计质量，以初步形成的理论原则，确立了自身的存在价值，赢得了舆论的承认。其间展开的设计经验总结和装帧理论探索，起到无可替代的引导、规范作用。

以下依据个人理解，试对当年经验总结和理论探讨的成果做个大体归纳。顺便声明，诸多方面，全是装帧设计家们当年的论述，我所做的，唯有取舍、归纳而已。

1. 装帧设计的地位和属性

出版社工作的最终目的是出版供广大读者阅读的图书。这项工作由三个基本环节构成：编辑部门组稿加工，装帧部门设计造型，出版部门安排生产。由此清楚表明，装帧设计在出版工作中处于三个环节的中间一环，起着前后连接的作用。装帧设计工作的重要意义是由出版工作的客观规律和出版工作的科学性决定的。轻视这项工作是对出版规律和出版科学无知的表现。

　　书籍是文化，不是一般商品，装帧设计一定要体现这一特征，尽可能做到内容和形式的和谐，具有文化气质。过去总讲形式服从内容，然而形式对引起读书兴趣有举足轻重作用，一本书吸引读者去买、去读，常出于它的装帧形式美。

　　装帧艺术使千千万万册图书成型，由此得以流转到读者手中，因而具有其他艺术形式不能取代的社会作用。优秀的装帧设计，以其艺术感染力使千千万万读者增加阅读的愉快，从中得到美的享受，无疑起到陶冶人民情操，向大众进行美学教育的作用。

　　随着时间的推移，装帧艺术作为国家科学水平和文明高度的一种象征，必定随国人认识的日渐深化，而日益显示其重要价值，居于越来越重要的地位。

　　装帧艺术具有从属性和相对独立性的双重属性。装帧赋予书籍存在的形式，使书成型，设计中一刻也离不开从书的角度考虑，从其内容、性质、特点着眼：书的类型、书的风格，通俗书、理论书，欣赏用书、检索用书，等等。进入设计各环节：书的封面，书的版式，书的字体，书的插图，等等。因而书籍装帧艺术姓"书"。进行装帧设计只能从书稿的特点出发，按成书的需要策划和制作，设计体现书的品位。这就是装帧艺术的从属性特点。另一方面，装帧艺术决不混同任何其他艺术形式，在为书服务的实践中形成了特定手法，具有鲜明个性。这一点，正是装帧艺术成为独立艺术形式的依据。由这种从属性和相对独立性所确立的特有的设计思路、表现方式、审美要求，把装帧艺术与其他艺术形式截然区分。它既不同于绘画、摄影，也不同于广告、装潢。装帧设计必须以其文化高品位，体现浓郁的书卷气。

2. 装帧设计的要领在设计，不在画

装帧艺术的特点要求，设计者须具有明确的设计意识，追求装饰性效果。把一幅好画简单地搬上书封面，未必成为好的设计；画可以上封面，但是封面决不能就是一幅画。以绘画代封面，是设计工作的明显误区。

装帧设计是对书籍形式做全面的策划和安排的完整概念，是美学和科学、美术和技术相结合的一种复杂的创造性工作。设计是为生产服务的，因此有受生产技术制约的一面；设计是组织生产的依据，因此又有推动生产技术进步的一面。设计是有对象、有目的的，因此有从属性的一面；同时也是自由创造、可供欣赏的艺术形式，因此有独立性的一面。设计工作既为满足视觉的审美需要，又为满足阅读的功利需要，因此必然体现艺术价值和实用价值。

从艺术设计、实现艺术价值的角度着眼，设计者依据对书的内在精神的理解和个人的独特感受，首先产生立意，而后以装帧语言加以体现。借用古人顾恺之名言，谓之"以形写神"。

书籍装帧是装饰艺术，这就决定了它的设计方法和表现形式注重形式感。它的形象，或谓造型，侧重于对书的内容气质的概括和抽象，有时仅仅是装饰；不能要求装帧形象全面表达书中具体内容，尤其不能图解。设计中，要以明确的设计意识，运用形式美因素（诸如对比、对称、均衡、比例、节奏、韵律），以及形体构成和色彩构成原理，在装饰构图、装饰造型、装饰色彩上，调动想象力，发挥创造性。

一本书最引人注目的，自然是封面。装帧设计的立意、装饰性手法，自然也首先在这上面得以明显体现。设计的含意，除了立意之外，主要的就是"经营位置"。即按照立意来安排各种形式要素，使之有序地，而且是理想地组合。如点线面的安排，黑白灰的安排，色块的安排，字体的安排等。即使对一幅绘画、照片，或者具象的形象，也同样有位置安排问题。重要的是"经营"。封面字的安排，黑白灰关系，线的位置，色块的对比，都是要反复推敲的，以求得整体的和谐，达到"增加一分则太重，减少一分则太轻"的境地。毕加索讲过：画到什么时候最合适，这种感受是天才的表现。完美的装帧作品，必定来自设计者的良好素质和刻意追求。

搞装帧设计，需要下工夫学习装饰美术，研究装饰美学，懂得装饰美的规律和特点，提高对装饰美的感受和欣赏能力。由此使装帧设计人员具有一个"装饰性的"头脑，一对"装饰性的"眼睛，一双"装饰性的"手，把不美的东西变美，把美的东西变得更美。如此设计出封面，则不难体现鲁迅先生所期望的：以新的形、新的色，给人以读书之乐。

3. 书籍装帧需要整体设计

不论封面设计和技术设计是否被人为地做了分工，按着装帧设计规律,正确的途径只能是:搞封面设计就该同时考虑书的总体形象。面对一部书稿,设计者要根据它的内容、性质、特点、用途、读者对象等做出判断,并依此拟出形态方案:开本大小,精装还是平装,什么样纸张,用什么排印装工艺等。解决这些问题,除了以书稿做依据,读者对象也是不可忽视的,是哪一阶层读者,在什么条件下使用。只有从书稿和读者两方面考虑,才有可能拟定比较合适的方案。由此可见,搞好装帧设计既需要艺术设计所要求的文艺修养和艺术能力,同时要懂得现代各种类型的制版工艺和印刷工艺,要懂得纸张和装帧材料的性能和规格。这才能调动物质材料和工艺技术的潜力,以便顺利、理想地实现预想的效果。

一本书的完美装帧形式包括许多环节:封面、封底、书脊、环衬、扉页、开本、版式、字体等。这是构成总体的一个个局部,要在统一和谐的基础上,摆好其间的关系,使之各尽所能,各得其所。这个层次的设计可称为第一整体设计。那么,第二整体设计是什么呢?就是封面、封底、书脊、环衬、正文版面等各个局部,在第一整体设计制约下的逐一设计。首先是封面,构图、色彩、造型、文字诸因素,必须在统一构思下,取得同整体相协调的效果。大的关系处理好了,各个局部又得以认真对待,一丝不苟,完美的装帧形象才有可能形成。

书籍装帧形象有大形象和小形象。所谓大形象,就是装帧设计的总体效果。设计者心中有了这个大形象,就会调动各种造型因素，创造出有生命的形象来。一切装帧造型因素都是小形象，是构成大形象的有机部分。一部结构完整的书，应一并设想到封套、护封、封面、封底、环衬、扉页、像页、题词页、内文排列、题图尾花、天头地脚、插图，等等。通过结构安排，恰如中国画论的形象说法——"置阵布势"，求得风格手法的统一，形成节奏，产生表现力。

技术设计是构成书籍形式的重要方面。一部书稿转换成书籍版面文字，首先要运用技术语言将书稿的体例、结构、层次等交代清楚，使版面编排格式符合规范，使工厂能生产，读者可阅读。不同类别、性质，以及不同读者对象的书，版式格式要有所差别。同时，按照点、线、面的法则，应用对比、衬托、均衡、虚实、错落、参差、疏密、黑白灰等关系，从所受工艺技术制约中创造美的旋律和节奏，使一页页的版面既有统一的风貌，又有变化的韵味，这是书籍技术设计力求达到的境界。

4. 在与其他艺术的对比中探讨装帧语言特征

装帧艺术属于美术领域，但就其艺术语言基本特征而言，距绘画较远，与音乐有许多相近之处。绝大多数书的装帧根本不存在以绘画手法表现的条件，只能像音乐一样，以比拟的方法、抒情的方法表现。作曲家能够将现实生活中的音响归纳为富于表情色彩的音乐语言，运用与原型截然不同的音乐语言形式，直抒胸臆和表达思想。装帧设计工作者也应像作曲家那样，研究色彩和造型的形式规律，运用造型艺术形式美的表现力，去创造有艺术魅力的装帧作品。要充分发挥色彩的感染力,用以表现与书的内容相适应的意境。像管弦乐创作必须遵循配器法,封面色彩同样要根据构思要求,按一定序列编排。几个不同的色彩,谁为重,谁为轻,谁为实,谁为虚,如果没有统一安排,难以形成有表现力的和谐色调,就如各种乐器在一起杂乱无章地吹奏。

装帧艺术是表现艺术。在表现艺术中,对装帧设计启发最大的,当属建筑艺术。通过建筑语汇的组合:立体的架构、平面的布局、建筑内部和外部空间的处理,门窗式样的设计、色调的安排,以至于装饰、壁画的搭配,给人以美的享受。装帧跟建筑非常相似,用类似建筑并具有自身特征的艺术语汇,通过渲染一种气氛、一种意境,来表现某一书籍的性格。在装帧中相当于建筑的形体、空间的语言,是书的开本设计和装订的造型设计。开本大小、薄厚和长宽比例的变化,完全可以产生迥然不同的情调。一本书用什么开本最合适,不是随随便便从少数几个规格中一选了事的,应该根据书的内容、性质决定。看外国出版的一些世界文学名著,比如托尔斯泰的《复活》,开本相当于 12 开,方方正正,厚厚实实一大本。仅以这体积和造型,这部著作的文学地位和内容深度,就得到有力表现。建筑通过布局产生韵律,造成流动的感受。书籍从护封,到内封、环衬、扉页,直到内文版式的处理,对这些组成部分的统一设计,也完全可以创造出建筑艺术所体现的艺术效果。

5. 发挥装帧特有形象——文字的表现力

文字作为装帧设计中必不可少的组成部分,必须得到充分重视。设计封面，不能只管画，不管写，或者封面画完再塞字。与此相反，要确定文字形象在封面上的中心地位。不论一帧封面上有没有其他形象相配合，文字应该按表现需要，始终作为设计的主要对象。文字在装帧艺术中具有丰富的表现力，设计得当，甚至比用其他造型有更好效果。

不同字体有不同个性，每一本书上的书名用什么字体，要根据书的内容、精神、风格、气质决定。把古拙的大篆硬安在低幼读物花花绿绿的封面上，会像看见孩童长满嘴胡子一样难受；把活泼的花体字安在经典著作上，也会像见到大人物跳摇摆舞一样滑稽。

6. 提炼造型语言，借助于"减法"

装帧设计的抽象与意象，在虚与不虚、似与不似中见情理。设计中，既忌实，又忌繁。实了，无韵味；繁了，无余地。任何设计艺术，只有经过提炼的艺术语言，才能启发人们在意识观念中漫游。经过提炼与精简的形式美，才能引导读者审美兴趣的迂回，领悟设计构思的巧妙，接受书籍内容的品位，使读者真正体会到艺术魅力所给予的审美升华和精神愉悦。

罗丹跟他的学生有过一次极耐寻味的对话。学生问他是怎么做雕塑的，罗丹答：很简单，就是把不用的泥巴去掉。他的意思是做减法，把没用的成分毫不犹豫地舍弃。在封面设计上，用减法加以衡量，不少成品的造型和色彩都有精简余地。去掉可有可无的造型因素，封面形象反而更鲜明。对色彩进行提炼和概括，也是增强装帧艺术效果的需要，色彩愈单纯、愈提炼，往往愈富有装饰性。

7. 装帧材料、印刷工艺是装帧艺术的重要语汇

装帧设计工作者要像建筑师通晓建筑技术、熟悉建筑材料一样，必须认识到装帧材料和印装工艺对提高装帧质量的价值，懂得不同材质产生不同格调，不同工艺技术产生不同效果。装帧材料、印装工艺都是构成装帧艺术的重要语汇。

外国书籍越来越依靠材料性能的发挥、工艺制作的表现，以显示其装帧艺术的现代化水平。只有认识到装帧材料、制作工艺的重要意义，即不仅展现书籍的不同性格、丰富装帧艺术的表现力，而且显示一个国家的文化水平和科学技术水平，我们才会下决心解决这方面的严重滞后局面，在艺术上、技术上全面赶上世界先进水平。

在这些回顾文字该收笔的时候，我还想表明：当年的行动是认识和评价今日发展的起点，只有彼此衔接，才能得出符合实际的结论。装帧设计工作今日已达到的高度和发展中出现的问题，也都与尊重或背离那时已取得的基本认识不可分割。希望这篇文章能给今天的装帧界带来一点启发。

《中国出版》2001年第2、3辑转载